La physique tout simplement

Ne vous noyez pas dans un verre d'eau

Clément Santamaria

Agrégé ès Sciences physiques
Docteur ès Physique
Université de Cergy-Pontoise

clement.santamaria@wanadoo.fr

ellipses

Du même auteur chez le même éditeur

- *Toute la physique dans un verre d'eau*, 224 pages, 2005.

ISBN 978-2-7298-3407-4

32, rue Bargue 75740 Paris cedex 15

www.editions-ellipses.fr

Préface

Je me suis jetée sur LA PHYSIQUE TOUT SIMPLEMENT comme les Dupont et Dupond assoiffés sur un mirage.

Nous y voilà, l'eau fait de drôles de trucs : on croit qu'elle y est, et elle n'y est pas, inversement elle est souvent là où on ne l'attend pas.

Si l'un des plus grands plaisirs de la vie « tient dans un verre d'eau » (comme le précédent livre de Clément Santamaria) ce même verre d'eau peut gâcher un grand crû, gâter un Stradivarius, sauver un poisson, éteindre un début d'incendie.

En lisant le livre de Clément Santamaria j'apprends à me méfier de sa totale transparence, c'est fou ce qu'elle peut cacher. Cette eau indispensable à la vie peut, de la fuite de lave-linge au Tsunami nous la pourrir ou même nous l'enlever. Comme Zeus le dieu des dieux, l'eau est une formidable transformiste, elle s'infiltre, disparaît et réapparaît sous un autre aspect fourbe, merveilleuse, tueuse ou salvatrice.

Mes connaissances en physique se bornent au programme d'une élève médiocre de 1ère A, on disait A à l'époque. Les A avaient la triste réputation d'être des faignants. Pour nous venger de cette qualification, qui était d'autant plus blessante qu'elle contenait sa part de vérité, nous trouvions que les scientifiques, matheux et autres physiciens n'étaient que des besogneux et des tâcherons, brillant surtout par leur manque de culture et d'imagination. Voilà une idée reçue qui se dissout facilement dans la table des matières du livre de Clément Santamaria. Chaque question est un petit poème surréaliste, je ne vais pas les citer tous mais la question 7 par exemple : *Comment se vide un verre d'eau percé que l'on a placé sur un manège en rotation ?* prouve que le physicien chercheur ne manque ni d'idée ni de poésie : J'imagine un homme affolé courant dans la ville avec son verre percé à la main à la recherche d'un manège qui tourne, il le trouve enfin, saute en marche, toujours avec son verre se fraye un passage entre les enfants, se penche, le pose délicatement, recommande au forain de ne pas le renverser « c'est pour une expérience », ensuite il va acheter un ticket pour son verre ; oui il va prendre « un carnet de 10 » comme ça il pourra renouveler l'expérience, enfin il regarde tourner son verre qui se vide au son d'un tube hurlé par un haut parleur grésillant. Et la question 23 ? *On vide un verre d'eau dans l'océan. Le brassage étant supposé parfait, on recueille ensuite un verre de l'océan. Combien de molécules numérotées contiendra-t-il ?* Si une nuit de pleine lune du côté du Morbihan vous voyez un savant verser un verre d'eau dans l'océan se sera Clément Santamaria. Si un mois plus tard à la nouvelle lune vous apercevez un homme puisant ce coup ci un verre d'eau se sera toujours Clément Santamaria venant récupérer ses molécules numérotées : Joli non !

Clément Santamaria nous montre qu'il y a autant de poésie que de rigueur dans la physique. L'eau a plus d'un tour dans son verre, mais « on ne l'a fait pas » à Clément Santamaria.

Noëlle Bréham

Avant-propos

Quel rapport y a-t-il entre un verre d'eau et les futurs téléphones portables ? La question peut sembler curieuse et pourtant ces deux objets contiennent par certains aspects la même physique. En effet, la description au 19e siècle des phénomènes de tension superficielle a permis de comprendre pourquoi l'eau pouvait remonter légèrement sur les bords d'un verre. Cette même tension superficielle est désormais utilisée afin de réaliser les lentilles des futurs appareils photos de téléphones portables.

Cet exemple résume la démarche que nous allons suivre. Le point de départ sera toujours une question sur le thème unificateur du verre d'eau, la réponse apportée sera rapidement dépassée afin de montrer comment un concept peut apparaître dans des domaines en apparence très éloignés.

Le but est ainsi de répondre en partie à l'éternelle question que s'est posée tout un chacun lors de l'étude d'un problème : à quoi ça sert ?

La démarche se veut pédagogique et s'adresse ainsi à tous les lecteurs intéressés par la physique.

Sommaire

Q.1 Pourquoi la surface d'un verre d'eau au repos est-elle toujours horizontale, même si le verre est incliné ?

Ce phénomène est lié à la force d'attraction qu'exerce la Terre sur l'eau. À tout instant, la surface de l'eau a tendance à former un angle droit avec la direction de cette force. On représente cette dernière par une flèche dirigée vers le centre de la Terre, puisque tout objet ayant une masse est attiré vers ce point.

Verre incliné au repos et direction du champ de gravité

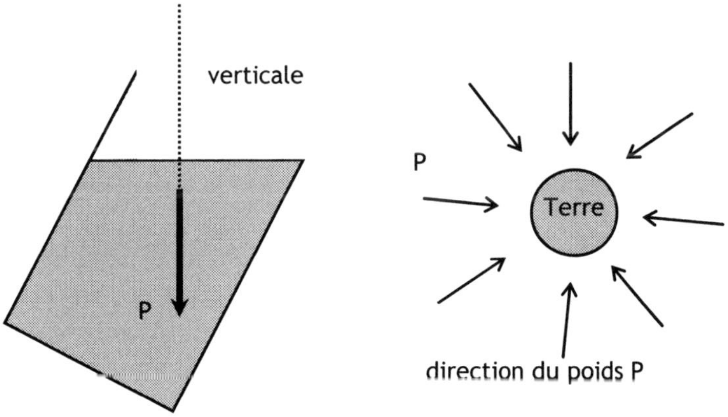

Au repos, la surface de l'eau doit toujours faire un angle droit avec la direction de la force de gravitation (poids P) qui correspond à la notion de verticale (dirigée approximativement vers le centre de la Terre). Si l'on incline un verre, la direction de la force ne changeant pas, la surface libre ne bouge pas non plus.

Les choses sont différentes dans le cas où le verre subit une accélération. À titre d'exemple, si l'on place un verre d'eau dans un manège en rotation rapide, la surface de l'eau en contact avec l'air (dite surface libre) s'oriente vers l'axe autour duquel tourne le manège. Ce point sera examiné lors de la question suivante.

⏭ Pour aller plus loin

Du fait de sa rotation autour de l'axe Nord-Sud, le globe terrestre est plus aplati aux pôles qu'à l'équateur. La différence est de l'ordre de 20 km. On peut donc considérer que la hauteur d'un point de l'équateur, relativement au centre de la Terre, est supérieure de 20 km à celle d'un point des pôles. Mais dans ce cas comment expliquer que l'eau présente à l'équateur ne s'écoule pas vers les pôles qui sont donc plus bas, puisque l'eau s'écoule toujours du point le plus haut vers le point le plus bas ?

Il faut en fait redéfinir la notion d'altitude. La surface libre de l'eau constitue ce qu'on appelle une équipotentielle. Tout point appartenant à cette surface n'a aucune tendance à aller vers un autre point, car la surface libre forme un angle droit avec la direction de la force de gravitation. Il s'agit d'une situation d'équilibre qui n'a aucune raison d'évoluer. Tout se passe comme si l'eau se trouvait sur un plan parfaitement horizontal. L'ensemble des points de la surface des océans doit être considéré comme appartenant à la même équipotentielle. La situation est donc stable, aucun mouvement n'a donc tendance à s'effectuer dans un sens ou dans un autre.

Du fait des irrégularités du globe terrestre, il n'y a aucune raison que tous les points de la surface équipotentielle soient à la même hauteur par rapport au centre de la Terre. L'équipotentielle qui se confond avec le niveau moyen de la mer est appelée géoïde.

Question 1

Géoïde terrestre

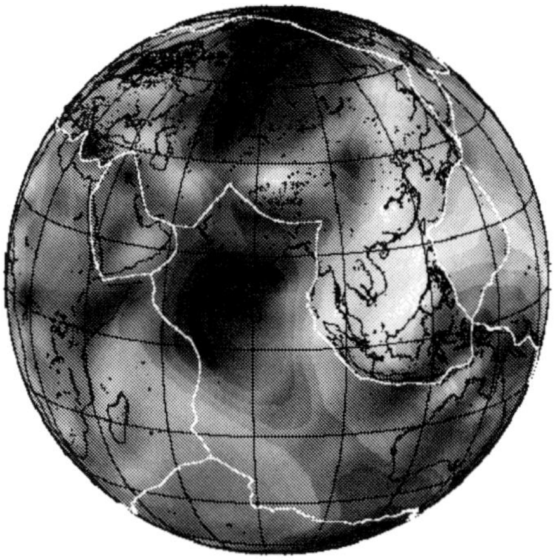

Du fait des irrégularités du champ de gravitation terrestre, le géoïde n'a pas une forme parfaitement lisse. Les nuances de gris décrivent ces irrégularités par rapport au niveau moyen. Schématiquement, on constate la présence d'une bande longitudinale (passant par l'Inde) pour laquelle le champ de gravitation est plus faible que le niveau moyen (zone gris foncé). À l'inverse le champ de gravitation est plus élevé au niveau de l'équateur (zone gris clair). Le continent africain est à gauche.

La force d'attraction évoquée est décrite par la loi de la gravitation universelle. Elle fut énoncée par Newton afin de décrire la force s'exerçant entre deux masses. Il comprit que si un corps tombe sur la Terre, c'est parce qu'il est attiré par elle.

Cette attraction varie comme l'inverse du carré de la distance entre les deux masses. Cela signifie qu'elle est divisée par quatre quand la distance double, par seize quand la distance est quatre fois plus grande, et par cent quand la distance est multipliée par dix. On voit donc que la décroissance est très rapide tout en ayant une portée infinie. La grandeur qui décrit en chaque point l'intensité de l'attraction est appelée champ de gravitation.

La force de gravitation devient donc rapidement négligeable pour un astronaute s'éloignant de la Terre. Dans l'espace, la surface d'un liquide n'a par conséquent aucune tendance à être plane comme nous le verrons à la question 15.

L'origine de la gravitation demeure une des grandes énigmes de la physique moderne. La théorie de la relativité générale d'Einstein constitue une tentative d'interprétation de la gravitation en termes de courbure de l'espace-temps (une masse courbe au sens géométrique du terme l'espace qui l'entoure). La question 36 reviendra sur cette approche. Une autre démarche consiste à associer une particule à toute interaction. Cette particule constitue en quelque sorte le messager de cette interaction et permet d'expliquer le fait que cette dernière puisse se propager et ainsi agir à distance. On postule donc l'existence du graviton qui serait le vecteur de propagation de l'interaction gravitationnelle. Cette particule hypothétique aurait une masse nulle correspondant au fait que la portée de l'interaction gravitationnelle est infinie. Aucune expérience à ce jour n'a pu mettre en évidence l'existence du graviton.

Q.2 Pourquoi la surface libre de l'eau se courbe-t-elle lorsqu'un verre tourne rapidement sur lui-même ?

Quand un objet est en rotation autour d'un axe, lorsque l'on fait le bilan des forces à agir sur l'eau, tout se passe comme s'il existait une nouvelle force dirigée de l'axe vers l'extérieur.

Il s'agit de la force centrifuge dont l'intensité dépend de la distance à l'axe et de la vitesse de rotation.

À la force de gravitation qui est constante, on doit donc ajouter une force, dirigée vers l'extérieur, qui dépend de la position de la masse de liquide que l'on considère.

Verre d'eau en rotation

Photo : ESPCI.

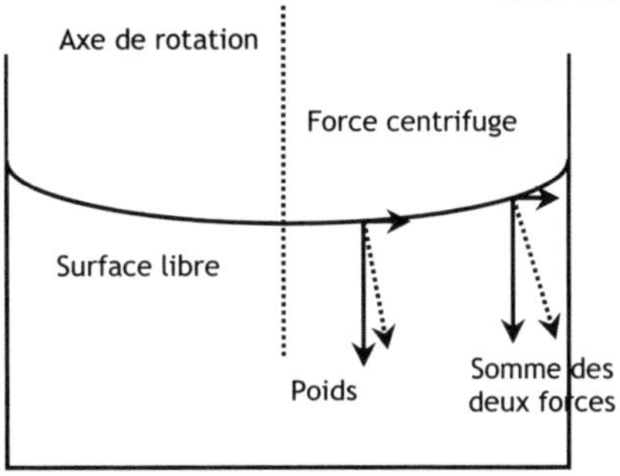

La surface libre du liquide doit être en chaque point orthogonale à la somme des forces appliquées en ce point.

Plus on s'éloigne de l'axe, plus la force centrifuge augmente. La force de gravitation (poids) étant constante, l'inclinaison de la somme des deux est de plus en plus importante. La surface libre de l'eau devant toujours former un angle droit avec la direction de la force, l'eau remonte donc davantage en allant vers les bords. La forme est dite parabolique.

⏭ Pour aller plus loin

Il est possible de profiter de la courbure d'un liquide pour réaliser un miroir de télescope. On utilise du mercure qui a l'avantage d'être un métal qui réfléchit bien la lumière et qui est liquide à la température ambiante. Les vapeurs de mercure sont très toxiques. Heureusement, il se forme une pellicule d'oxyde de mercure d'épaisseur 1/10 000 de mm qui évite l'évaporation.

Question 2

Télescope utilisant du mercure en rotation

Photo : Laval University.

La rotation du mercure s'effectue à environ 1 tour toutes les 10 secondes. La vitesse sur les bords est alors de l'ordre de 20 km/h. La forme parabolique ainsi obtenue permet de faire converger les rayons lumineux issus de l'espace (uniquement à la verticale du télescope) en un point unique où seront placés les instruments de mesure.

Le fait que la surface libre de l'eau se courbe sous l'effet de la rotation semble somme toute logique. Mais à propos, par rapport à quoi le verre tourne-t-il ? Ne pourrait-on pas supposer que si l'Univers tournait autour du verre alors la surface libre se courberait également ?

La question peut paraître surprenante, mais est loin d'être sans intérêt. Le problème est donc de savoir si le mouvement de l'eau a un caractère relatif : le fait que l'eau bouge par rapport au reste de l'Univers est-il équivalent au fait que l'Univers bouge par rapport à l'eau ?

Newton affirme que non. Pour lui, il existe un référentiel absolu par rapport auquel l'eau tourne. La difficulté consiste à déterminer ce référentiel absolu par rapport auquel tout mouvement se fait. Le principe d'inertie de Newton affirme que toute masse ne subissant aucune force doit continuer son mouvement en ligne droite à vitesse constante. Cette ligne droite n'existe donc que par rapport à cet hypothétique référentiel absolu.

Pour le physicien Mach, tout est relatif et ce référentiel absolu n'a pas de sens. La thèse de Mach n'est pas défendable expérimentalement mais a le mérite de soulever le problème du choix d'un bon référentiel.

Einstein très sensible à l'esprit critique de Mach reformulera de façon magistrale le problème du référentiel dans sa théorie de la relativité restreinte (restreinte car limitée aux référentiels non inertiels) puis dans sa théorie de la relativité générale (générale car applicable à tous les référentiels).

Q.3 Pourquoi un glaçon flotte-t-il dans l'eau ?

Quand un corps est plongé dans un liquide, il subit une force de la part de ce dernier qui tend à l'en expulser. Un objet flotte si son poids est équilibré par cette force que l'on nomme *Poussée d'Archimède.*

L'origine de cette poussée est due au fait que la pression dans un liquide augmente avec la profondeur.

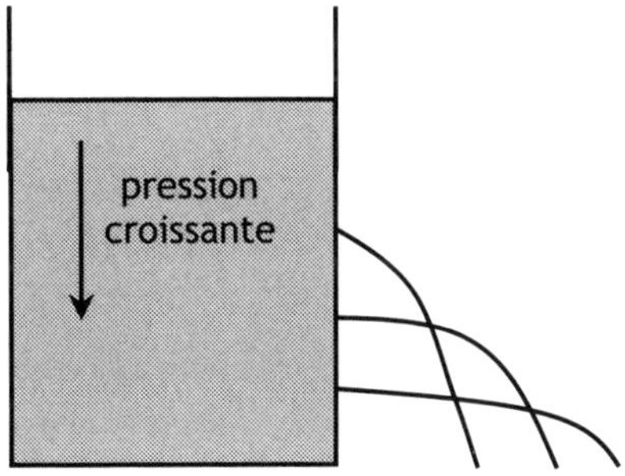

Lorsque l'on remplit un verre d'eau muni de 3 orifices on constate que la portée des jets est différente. Plus la portée du jet est grande, plus la pression est forte. La pression dépend donc de la hauteur du liquide présent audessus de l'orifice.

En conséquence, un corps plongé dans le liquide subit une force sur sa face inférieure, plus forte que celle exercée sur sa face supérieure.

La résultante de ces deux forces est verticale et dirigée vers le haut du récipient.

L'intensité de la poussée d'Archimède correspond au poids du volume de liquide occupé par l'objet immergé. Elle dépend également de la nature du liquide : un objet placé dans du mercure subira une force 13,6 fois plus importante que dans l'eau. En conséquence, le volume immergé nécessaire sera 13,6 fois moins important que dans le cas de l'eau. Si un homme pouvait marcher dans du mercure, il se maintiendrait hors du mercure en étant immergé seulement jusqu'à mi-mollet !

L'eau étant plus dense que la glace, il n'est pas nécessaire que cette dernière soit entièrement immergée pour que la poussée d'Archimède équilibre le poids. Dans le cas d'un iceberg, on ne voit donc à la surface qu'un dixième du volume total.

La glace occupe un volume d'eau dont le poids est plus grand que le poids correspondant à la quantité immergée de glace. Une partie de la glace n'a donc pas besoin d'être dans l'eau.

Si l'on considère un verre plein contenant un glaçon, quand ce dernier fond, le niveau de l'eau ne bouge pas. En effet, le glaçon occupe dans l'eau un volume égal à son poids. Le volume immergé correspond donc exactement au volume d'eau du glaçon lorsqu'il aura fondu.

Si la glace repose sur le sol, comme dans le cas de la calotte glacière du Groenland, alors la fonte entraîne une montée du niveau de l'eau.

⏭ Pour aller plus loin

Le fait que la pression augmente avec la profondeur d'immersion rend la plongée en grande profondeur très dangereuse. Les gaz contenus dans l'organisme voient leur volume fortement diminuer. La pression à 100 m de profondeur étant environ 10 fois celle à la surface, le volume d'un gaz diminue donc également d'un facteur 10 ! Lors des tentatives de record du monde par un plongeur en apnée, la profondeur atteinte est de l'ordre de 180 m. A cette profondeur, la pression est environ 18 fois plus importante que la pression de l'air à la surface !

Pendant la plongée il s'accumule dans les tissus de l'azote qui est inutilisé par l'organisme. Lors de la remontée, la pression va diminuer et l'azote va avoir tendance à quitter les endroits où il était dissous en excès. Il y a alors formation de micro-bulles qui peuvent provoquer l'obstruction des vaisseaux sanguins. Il y a risque d'embolie pouvant conduire à l'accident de décompression. On observe également une augmentation du nombre de plaquettes avec pour conséquence l'épaississement du sang. La circulation sanguine est donc altérée et le phénomène d'hypotoxie (manque d'oxygène) des tissus est renforcé.

Dans l'air, la pression diminue avec l'altitude. On a donc a nouveau une pression plus faible sous un objet qu'au-dessus. Il en résulte une poussée verticale vers le haut.

Dans le cas d'une montgolfière, le poids de la nacelle et de l'air chaud dans l'enveloppe est inférieur au poids du volume d'air froid déplacé. La poussée d'Archimède est alors suffisante pour déplacer la nacelle vers le haut.

Question 3

Le brûleur a pour rôle de chauffer l'air qui va alors s'échapper en partie de la montgolfière.

Pour amorcer une descente, il suffit de laisser l'air se refroidir.

Il est très important de noter que l'air chaud doit pouvoir s'échapper, car chauffer de l'air totalement enfermé ne le rendrait pas plus léger, cela augmenterait simplement sa pression. À cette condition, la masse d'air chaud contenu dans le ballon est donc plus faible que la masse d'air froid correspondant à son volume. Si cette différence de masse est suffisamment grande, la poussée d'Archimède peut être suffisante pour élever l'ensemble de la montgolfière.

Dans le cas d'un ballon dirigeable, le gaz enfermé à l'intérieur (de l'hélium) est par nature plus léger que l'air extérieur.

Les premiers dirigeables utilisaient de l'hydrogène, plus léger que l'air. À la différence de l'hélium, l'hydrogène est très inflammable et forme un mélange explosif avec l'air.

Q.4 Comment se vide un verre percé ?

Un verre se vide sous l'effet de la force de pesanteur. La pression de l'air à la surface libre du liquide ainsi qu'au niveau de l'ouverture ont une influence sur le phénomène. Dans le cas d'un verre percé, ces deux pressions sont identiques. L'eau s'écoule alors naturellement sous l'effet de la pesanteur. La loi de Bernoulli permet de relier les grandeurs pertinentes : la pression, la vitesse, et la hauteur du point que l'on considère dans le liquide.

L'écoulement étant matérialisé à l'aide de quelques gouttes de colorant, considérons un élément de fluide coloré. Ce dernier est caractérisé par la pression qui règne où il se trouve, sa vitesse de déplacement et sa hauteur par rapport au sol.

Pour de tels éléments appartenant au même écoulement, la loi de Bernoulli précise que la somme de trois termes faisant intervenir la pression, la vitesse et la hauteur doit être constante.

Autrement dit, si entre deux points la pression ne varie pas, quand la hauteur diminue, la vitesse doit augmenter de façon à maintenir la somme constante.

De même, si entre deux points la hauteur ne varie pas, quand la pression augmente, la vitesse doit diminuer.

Dans le cas de notre verre, la pression est la même à chaque extrémité puisque le liquide est en contact avec l'air. Quand le liquide se dirige vers un point plus bas, la hauteur diminue. La vitesse d'écoulement doit donc augmenter.

Question 4

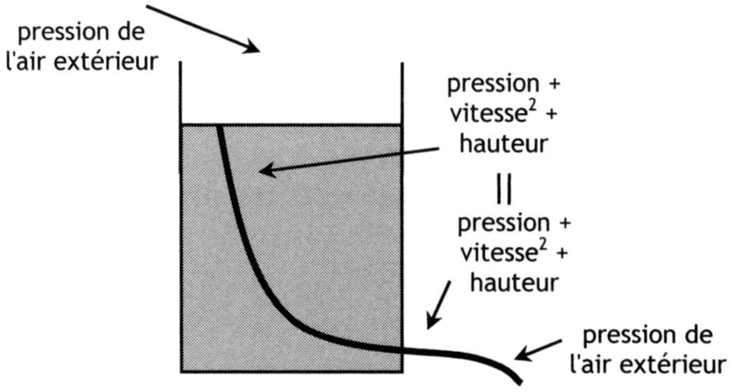

Un colorant permet la visualisation d'une ligne de courant. Le long de cette ligne, la loi de Bernoulli s'applique.

La loi de Bernoulli permet de montrer que la vitesse de sortie dépend de la racine carrée de la hauteur totale. Autrement dit, si la hauteur est divisée par quatre, le liquide sortira deux fois moins vite. Si la hauteur est multipliée par quatre, le liquide sortira deux fois plus vite.

⏭ Pour aller plus loin

La loi de Bernoulli se retrouve dès que l'on considère l'écoulement d'un fluide incompressible et sans viscosité. Des trois termes intervenant dans cette loi, celui faisant intervenir la hauteur dépend de l'intensité de la pesanteur. Cette dernière est notée par la lettre g, et est une caractéristique du champ de gravitation déjà évoqué. À la surface de la Terre g vaut approximativement 10. Concrètement, cela signifie que l'on doit associer à une masse de 50 kg un poids de 500 Newtons correspondant à la force d'attraction exercée par la Terre (on calcule le produit de la masse par g). On notera bien la différence entre un poids et une masse. La masse caractérise une quantité de matière, elle est donc identique sur la Terre ou sur la Lune. Par contre, le poids caractérise la force d'attraction qui s'exerce sur une quantité de matière. Le poids est donc différent sur la Lune ou la Terre puisque les champs de gravitation sont différents.

On entend souvent parler des accélérations subies par un pilote d'avion de chasse ou de formule 1. On parle alors de 3, 4, 5 ou 6 g. Cela signifie qu'une masse de 50 kg va subir une force de 1 000 Newtons (2 g), 1 500 N (3 g), etc.

Dans le cas de la relation de Bernoulli, cela signifie que si l'on augmente artificiellement g (virage très serré et donc forte accélération), pour maintenir la somme des 3 termes constante, il faut que la pression diminue puisque la hauteur ne varie pas beaucoup à l'instant considéré. Pratiquement, la pression du sang va diminuer au niveau du cerveau du pilote et conduire à une irrigation insuffisante pouvant entraîner la perte de conscience du pilote.

Pour atténuer ce phénomène, un pilote de chasse va porter une combinaison dite anti-g qui va lui comprimer le corps afin d'éviter le transfert du sang de la tête vers les pieds.

L'augmentation artificielle de g peut être positive : l'avion descend puis remonte brusquement. C'est le cas que nous avons considéré. Le sang quitte le cerveau.

Inversement lorsque l'avion monte puis descend, g est négatif. Il y a donc cette fois accumulation de sang dans le cerveau.

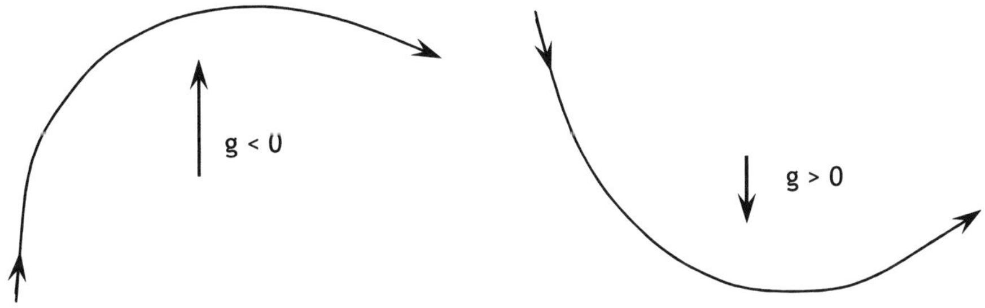

Une combinaison anti-g n'est efficace que dans le cas $g > 0$ (jusqu'à 9 g), car elle atténue la perte de sang au niveau de la tête. Elle est inefficace dans le cas où $g < 0$. Ce type d'accélération est moins bien supporté par les organismes (5 g maximum).

Le comportement du sang est très grossièrement décrit par la loi de Bernoulli. Le sang possède en fait une viscosité non négligeable. Il faut utiliser la loi de Poiseuille qui tient compte de cette caractéristique. Cette loi montre que si l'on considère un fluide, ayant une viscosité non nulle, en mouvement dans une canalisation de diamètre D, alors si ce dernier est divisé par 2 la force qu'il faudra exercer pour maintenir le débit dans le tube sera multipliée par 16 ($2 \times 2 \times 2 \times 2$). Si le diamètre est divisé par 3 la force sera multipliée par 81 ($3 \times 3 \times 3 \times 3$) !

Cette loi explique donc pourquoi il est très difficile de faire passer un liquide visqueux dans une aiguille très fine, tout en maintenant le débit.

De même dans le cas d'une sténose carotidienne, le rétrécissement va forcer le cœur à travailler d'avantage de façon à maintenir le débit sanguin. Le cœur va donc se fatiguer ou ne pas irriguer suffisamment les tissus.

Inversement, l'organisme peut faire varier très légèrement le rayon d'un vaisseau sanguin avec des conséquences notables sur le débit. Ce dernier peut être ainsi contrôlé précisément.

Echographie d'une sténose carotidienne

La sténose carotidienne correspond à un rétrécissement de la carotide. La moindre diminution du diamètre a un effet important sur la force à appliquer pour maintenir le débit sanguin. Il en résulte une fatigue cardiaque.

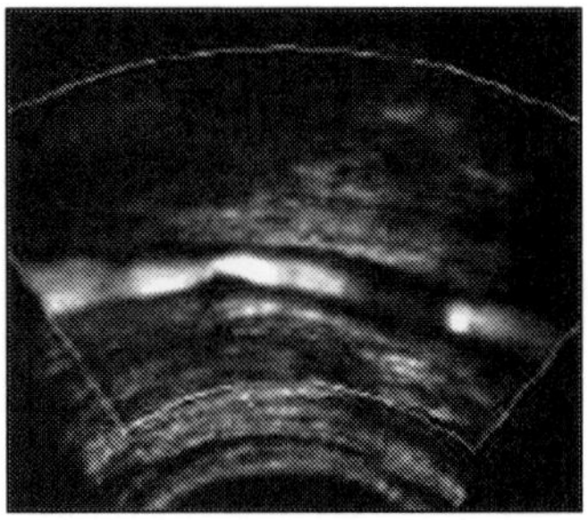

Q.5 Pourquoi l'eau a-t-elle tendance à couler le long d'un verre quand on le renverse ?

Tout un chacun a déjà fait la désagréable expérience du thé coulant le long du bec d'une théière. Il ne s'agit pas d'un phénomène d'adhérence lié à la nature du liquide utilisé qui aurait tendance à se coller à la paroi. En fait, c'est la courbure du support qui est la cause principale du phénomène. Elle a pour effet de provoquer une variation de pression perpendiculairement à la surface, avec pour conséquence, une pression à l'extérieur du liquide plus élevée qu'à la surface de contact avec le support. Le jet a donc tendance à être plaqué sur le support du fait de la différence de pression.

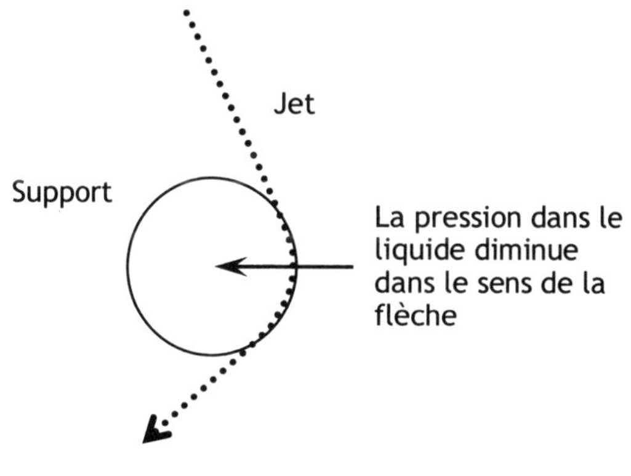

Il s'agit de l'effet théière bien connu. Le thé a tendance à couler le long de la paroi et non dans la tasse en dessous. Cet effet est connu sous le nom d'effet Coanda. Le filet d'eau finit par décoller de la paroi du fait du développement d'instabilités de la couche, dite couche limite, qui se trouve à la surface du support.

⏭ Pour aller plus loin

L'effet Coanda explique pourquoi un fluide épouse naturellement la forme du support qu'il rencontre. Dans le cas d'un avion, la courbure de l'aile permet de canaliser l'écoulement le long de l'aile (par effet Coanda). La portance, qui est la force permettant à l'avion de se maintenir dans l'air, résulte du fait que le profil de l'aile provoque une déviation de l'air vers le bas. Le phénomène est complexe et ne peut en aucun cas être expliqué, comme on le lit souvent, par le fait que l'air s'écoule plus rapidement sur le dessus de l'aile (extrados) que sous l'aile (intrados).

Mouvement de l'air vu de l'arrière d'un avion

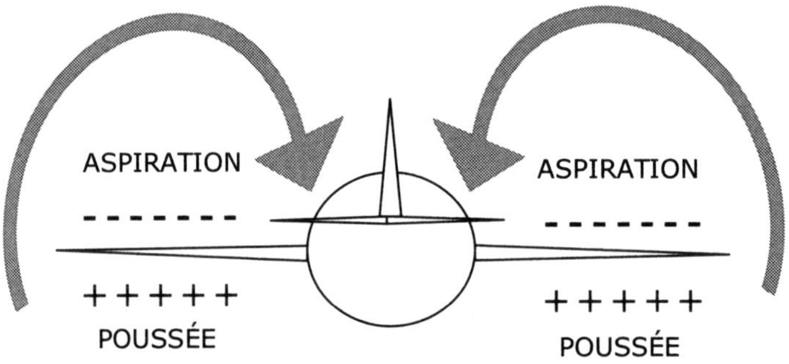

Lorsque l'avion est en mouvement, il se forme une dépression sur l'extrados et une surpression sur l'intrados. L'air a donc tendance à aller de la partie inférieure vers la partie supérieure de l'aile en la contournant, tout en ayant un mouvement vers l'arrière du fait que l'avion avance. Les masses d'air ont donc des sens de rotation opposés et un mouvement tourbillonnaire.

On appelle vent relatif, la vitesse du vent par rapport à l'avion. Il est *a priori* différent de la vitesse du vent réel par rapport au sol.

Question 5

Lorsque l'angle entre l'aile et le vent relatif est trop important, il y a décollement de l'air présent sur la surface de l'aile (on parle de décollement de la couche limite). La perte de portance est alors très importante.

Les masses d'air brassées par un avion sont considérables puisqu'elles doivent être de l'ordre de grandeur de la masse de l'avion. Pour fixer les idées, un Airbus dont la masse est de 200 tonnes, brasse en phase d'atterrissage 400 tonnes d'air par seconde ! En conséquence, il y a toujours formation de tourbillons dangereux pour les avions à proximité.

Un pilote doit constamment surveiller la portance. Chaque avion a des caractéristiques précises et connues qui indiquent dans quelles conditions (par exemple sur l'inclinaison de l'avion) il y a risque de perte de cette portance. Le graphique illustrant les caractéristiques de l'avion de ce point de vue est appelé polaire.

En choisissant bien l'inclinaison des ailes, un pilote de planeur peut pratiquer du vol inversé. L'important est que le flux d'air autour des ailes soit dirigé vers le sol.

Dans le cas d'un planeur, un fil de laine est fixé sur la verrière (trait dirigé vers la droite sur la photo), afin de s'assurer que les écoulements d'air de chaque côté sont identiques. Le fil doit toujours être bien parallèle à l'axe du planeur. En cas de non respect prolongé de cette symétrie, il peut y avoir diminution de la portance sur une des ailes et donc risque de perte de contrôle. Les pilotes parlent pudiquement d'autorotation. L'expression partir en vrille est plus imagée...

Q.6 Pourquoi peut-on siphonner un verre ?

L'écoulement ne peut se déclencher que si un opérateur aspire l'eau dans le tuyau, et contrairement à une idée reçue, la pression de l'air extérieur ne joue aucun rôle.

C'est uniquement le poids de l'eau en train de tomber qui va permettre à l'écoulement de se maintenir.

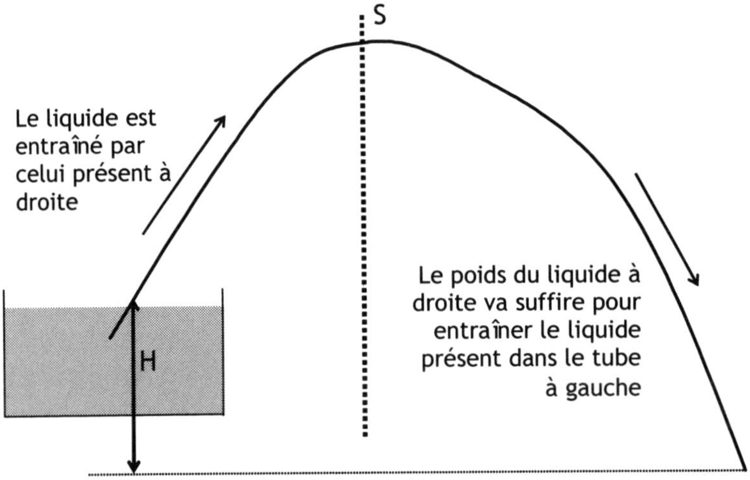

Le débit du siphonage sera d'autant plus grand que la différence de hauteur H sera importante. La pression au sommet S diminue au fur et à mesure que l'on lève le tube.

Il faut se méfier des phénomènes d'autosiphonage pouvant intervenir dans les piscines ou les aquariums lorsqu'une pompe tombe en panne. Le mouvement de l'eau peut alors s'inverser. Une pompe prévue pour refouler l'eau dans l'aquarium peut alors laisser l'eau de l'aquarium se faire aspirer et par conséquent le laisser se vider par aspiration.

⏭ Pour aller plus loin

D'une façon générale, la loi de Bernoulli précédemment évoquée montre que pour une hauteur donnée, si la vitesse du fluide augmente, la pression doit diminuer. Lors d'une utilisation industrielle (pompes, canalisations, ...), on peut atteindre une faible pression en certains points. Or la température d'ébullition d'un liquide diminue avec la température. En conséquence, aux points où la pression est faible, le fluide peut entrer en ébullition. Les bulles formées sont très néfastes pour le métal environnant. Ce phénomène se nomme cavitation et peut être extrêmement destructeur.

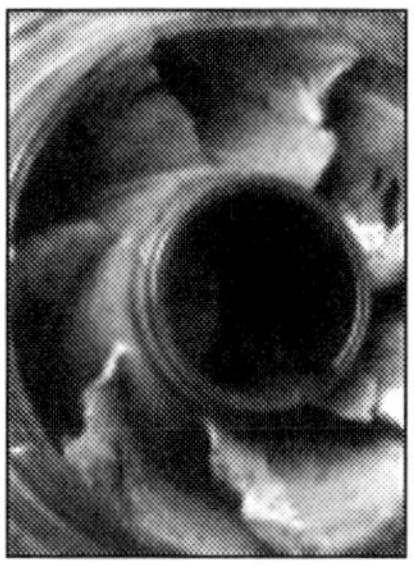

L'état des pales de cette turbine est une conséquence du phénomène de cavitation.

On retrouve donc le phénomène de cavitation dès que l'on a des écoulements rapides de fluides (hélices, pompes, ...).

La cavitation est également à l'origine du bruit des hélices de sous-marins que les militaires souhaitent réduire, pour des raisons évidentes de discrétion.

Q.7 Comment se vide un verre percé que l'on a placé sur un manège en rotation ?

Pour décrire la trajectoire d'un corps, il faut définir une référence, telle que le sol d'un train par rapport auquel on décrira ce mouvement. Lorsque le train se déplace en ligne droite à vitesse constante, on dit qu'il constitue en bonne approximation un référentiel galiléen. Si l'on tient compte de la rotation de la Terre, on doit considérer que le train tourne également. On voit donc que la notion de référentiel galiléen dépend du point de vue suivant lequel on se place.

Supposons un verre placé dans un train pouvant être considéré comme un référentiel galiléen (on dit également inertiel). Lorsque le verre est immobile, le jet d'eau se propage en ligne droite, car dans cette direction (horizontale) il ne subit aucune force. Par contre, en suivant la verticale, l'eau est soumise à son poids, et la trajectoire est alors courbée.

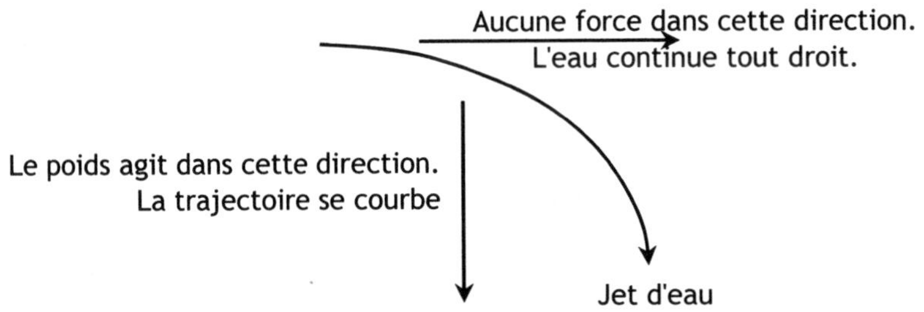

La courbure d'un jet d'eau résulte de l'action de la gravitation qui s'exerce verticalement. Horizontalement, le jet a tendance à conserver sa vitesse initiale.

Ceci illustre le principe d'inertie qui ne s'applique que dans les référentiels galiléens : si la somme des forces à agir sur un corps est nulle, alors ce corps se déplace en ligne droite tout en conservant sa vitesse initiale par rapport à ce référentiel.

Si le train freine, il perd son caractère galiléen, et la vitesse du verre n'est plus constante par rapport au train. Le verre garde sa vitesse par rapport à la Terre (qui est un référentiel galiléen), mais pas par rapport au train qui ralentit. Pour un observateur extérieur, le verre semble donc être projeté vers l'avant dans le train et si le train accélère, le verre semble projeté vers l'arrière. Pour un observateur dans le train, le verre est vraiment projeté dans un sens ou dans un autre.

Dans le cas d'un manège en rotation, le jet a toujours tendance à aller tout droit par rapport au sol qui constitue un référentiel galiléen. Le manège tournant vers la gauche, pour un observateur situé dans le manège, le jet d'eau semble aller vers la droite.

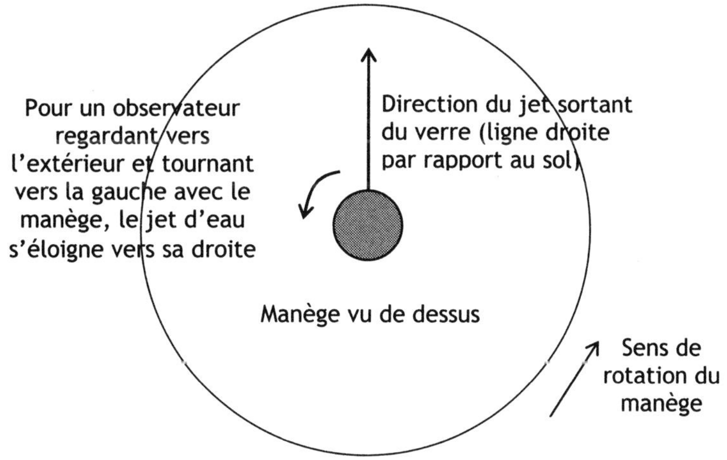

Lorsqu'un référentiel n'est pas galiléen (c'est le cas lorsqu'il y a rotation), on introduit en plus de la force centrifuge déjà évoquée, une force supplémentaire dite force de Coriolis. Cette dernière permet de prévoir, pour un observateur du manège, la déviation vers la droite. Si le manège tourne dans l'autre sens, la déviation se fera vers la gauche.

Question 7

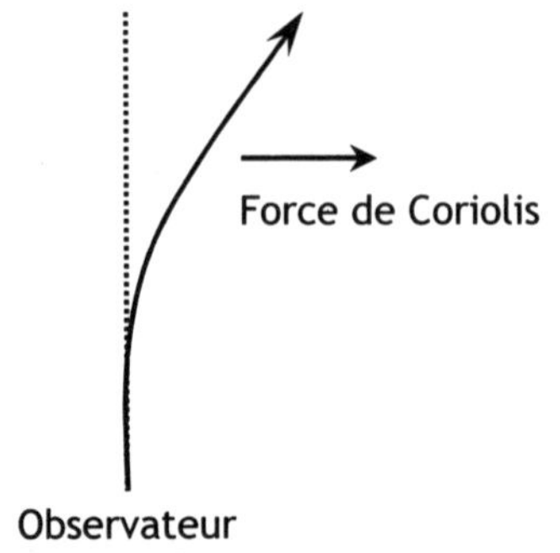

L'intensité de la force est directement proportionnelle à la vitesse de rotation du manège et à la vitesse du jet d'eau.

⏭ Pour aller plus loin

La Terre du fait de sa rotation peut être considérée comme un référentiel non galiléen. En conséquence, tout corps en mouvement à sa surface est dévié vers la droite dans l'hémisphère Nord, et vers la gauche dans l'hémisphère Sud.

Les masses d'air sont donc attirées par une dépression tout en étant déviées vers la droite. Elles ont donc tendance à contourner la dépression par la droite.

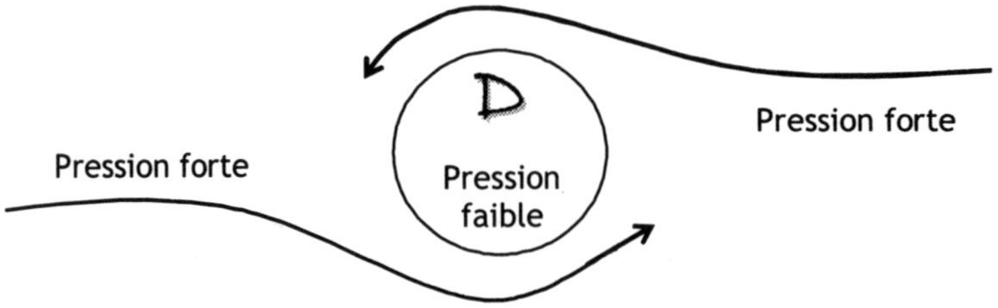

Les dépressions, constituées de masses nuageuses s'enroulent dans le sens contraire des aiguilles d'une montre dans l'hémisphère Nord.

Dans l'hémisphère Sud, la déviation due à la force de Coriolis se fait vers la gauche par rapport au sens du mouvement. En conséquence, les dépressions s'enroulent dans le sens des aiguilles d'une montre. Le phénomène est inversé dans le cas d'un anticyclone puisque le mouvement des masses d'air se fait vers l'extérieur de l'anticyclone et non vers l'intérieur comme dans le cas de la dépression.

La formation des cyclones tropicaux est initiée par la force de Coriolis qui devient importante dès qu'on s'éloigne un peu de l'équateur.

Dans le cas où le trou est au fond du verre, le jet d'eau est parallèle à l'axe de rotation du manège. Dans ce cas la force de Coriolis est nulle et on n'observe aucune déviation. Contrairement à une idée répandue, la force de Coriolis est trop faible pour expliquer le sens de rotation de l'eau lorsqu'une baignoire se vide.

Q.8 Pourquoi peut-on parfois observer les couleurs de l'arc-en-ciel lorsque de la lumière traverse un verre d'eau ?

On peut tout d'abord se représenter un rayon lumineux comme un mouvement de particules, les photons, dont les propriétés sont tout à fait spécifiques. Ils se déplacent à environ $c = 300\,000$ km/s dans le vide, et leur masse est nulle. On leur associe une énergie qui est reliée à la caractéristique fondamentale du photon : sa fréquence F. On associe donc au photon une grandeur vibratoire. En d'autres termes, il existe une quantité physique qui varie dans le temps avec une certaine fréquence (un certain nombre de fois par seconde).

La couleur que perçoit notre œil dépend directement de la valeur de F. Un photon correspondant à la couleur bleue est caractérisé par une fréquence plus élevée qu'un photon correspondant à la couleur rouge. Même s'il faut manier l'image avec précaution, la différence entre le bleu et le rouge est à comparer à la différence entre un son aigu et un son grave. Dans le cas d'un son, la grandeur vibratoire est clairement identifiable : c'est l'amplitude du mouvement d'une tranche d'air lors du passage du son. Par contre, le son a besoin d'un support matériel pour se propager à la différence de la lumière qui peut se propager dans le vide.

D'autre part, on caractérise la matière du point de vue de ses propriétés, lorsqu'un photon la traverse, par son indice n. On a par exemple $n = 1{,}5$ pour le verre, $n = 1{,}33$ pour l'eau. On a toujours $n = 1$ pour le vide. La vitesse de la lumière dans la matière est c divisé par n. Concrètement, la lumière se propage dans le verre à 200 000 km/s.

Si la matière traversée est limitée par deux surfaces non parallèles, il y a déviation d'un rayon lumineux lors de la traversée. C'est le cas d'un prisme ou d'un verre d'eau éclairé de façon particulière. Or, cette déviation dépend directement de l'indice n, qui dépend lui aussi directement de la fréquence F des photons.

La lumière naturelle étant constituée de photons de fréquences différentes, la déviation dépendant de la fréquence, les photons correspondant au rouge seront déviés différemment des photons correspondant au bleu. Concrètement, le rouge sera moins dévié que le bleu.

⏭ Pour aller plus loin

L'arc-en-ciel relève fondamentalement du même phénomène, mais on doit considérer le trajet de la lumière à l'intérieur d'une goutte d'eau. La lumière, du fait d'une réflexion à l'intérieur de la goutte, est déviée dans une direction opposée à celle initiale.

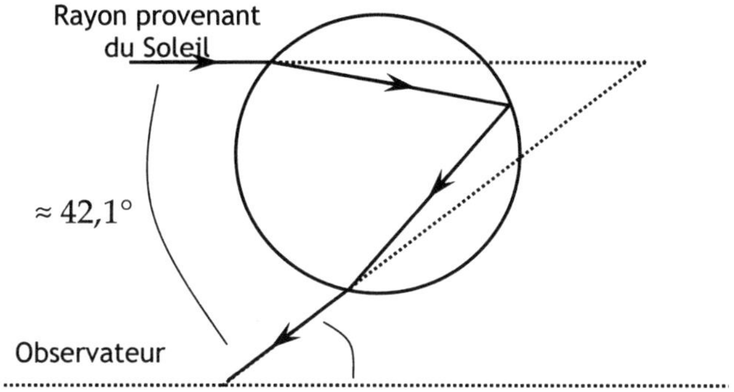

Les rayons qui émergent de la goutte font un angle d'environ 42° avec la direction des rayons du Soleil. Ce dernier doit se trouver dans le dos de l'observateur qui verra le violet à l'intérieur de l'arc-en-ciel et le rouge à l'extérieur.

Il peut y avoir deux réflexions dans la goutte. On observe alors un deuxième arc-en-ciel. L'angle est de 51° (l'arc est donc plus grand que le précédent) et l'ordre des couleurs est inversé.

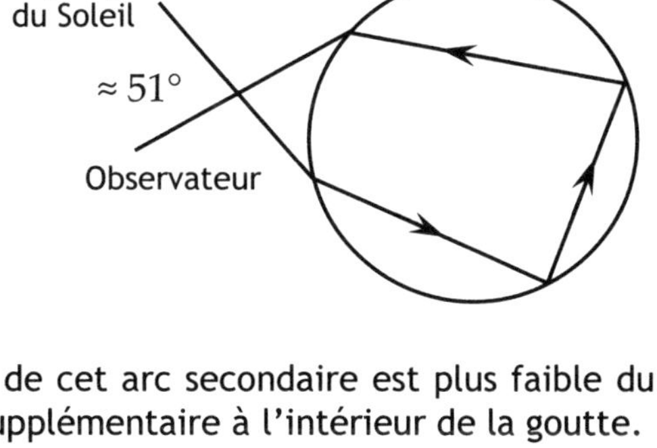

L'intensité de cet arc secondaire est plus faible du fait d'une réflexion supplémentaire à l'intérieur de la goutte.

Par contre, les couleurs vives d'un CD éclairé, sont dues à un phénomène de réflexion (et non de transmission) de la lumière sur les motifs constituant le support. On parle alors de diffraction de la lumière par réflexion.

Q.9 Pourquoi observe-t-on parfois des phénomènes d'irisation à la surface de l'eau ?

Une pellicule très fine de détergent peut être à l'origine du phénomène d'irisation.

On rappelle que la lumière peut être appréhendée en tant que mouvement de particules, les photons, mais aussi comme une onde. Dans ce dernier cas, on caractérise l'aspect ondulatoire par la fréquence F déjà introduite. Les deux approches sont complémentaires.

Un phénomène ondulatoire correspond à une variation dans le temps d'une quantité physique mesurable. Dans le cas de la lumière, il est nécessaire d'introduire deux quantités : le champ électrique et le champ magnétique. Ces grandeurs sont indissociables et varient dans le temps. On parle alors de champ électromagnétique. On dit également que la lumière est une onde électromagnétique. Ceci est vrai au même titre qu'une onde radio. La différence fondamentale n'est due qu'à la fréquence. Par exemple pour la lumière visible, on a $F = 10^{14}$ Hz, alors qu'une radio de la bande FM émet aux alentours de $F = 10^{8}$ Hz (100 MHz).

Lorsque l'on mélange deux ondes de même fréquence, sous certaines conditions, le résultat peut être une disparition totale de l'onde résultante ou au contraire une amplification. On dit qu'il y a interférences destructives ou constructives.

L'image que l'on peut prendre concerne le maximum d'amplitude d'une vague (une bosse) qui rencontre le minimum d'une autre (un creux). La somme conduit à l'absence de vague (interférences destructives). L'image s'arrête là, car dans ce cas le phénomène ondulatoire (la vague) nécessite un milieu (l'eau) pour se propager. Ce n'est pas le cas de la lumière.

Le phénomène peut être observé par transmission (la lumière traverse la surface) dans le cas des bulles de savon. La couleur en chaque point dépend de l'épaisseur de la pellicule de savon. Dans le cas de la couleur des ailes de papillon, le phénomène correspond à une réflexion (la lumière est réfléchie par la surface).

Le phénomène d'irisation est dû à une mince couche de liquide à la surface de l'eau. Pour une certaine épaisseur, celle-ci va provoquer des interférences destructives correspondant à certaines fréquences. Une couleur va donc disparaître et l'on observera la couleur complémentaire suivant le tableau de correspondance suivant :

Rouge	Cyan (Bleu-vert)
Bleu	Jaune
Vert	Magenta (Rouge violacé)

Trajet des rayons dans une pellicule de fluide

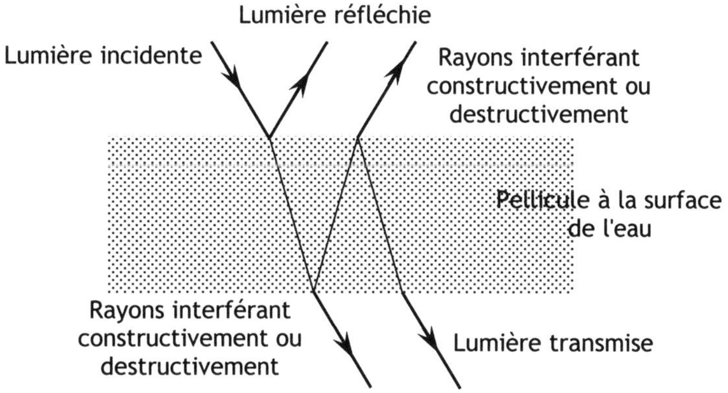

Les rayons issus de réflexion à l'intérieur de la pellicule d'eau interfèrent. Il ne subsiste que certaines fréquences (donc couleurs) pour lesquelles il n'y a pas d'interférence destructive possible. Les rayons transmis peuvent interférer également.

⏭ Pour aller plus loin

Les couches anti-reflets déposées sur du verre (lentilles, pare-brises...) ont pour but d'éliminer certaines fréquences. Par exemple, pour un pare-brise, on souhaite éliminer le rayonnement infrarouge (fréquence inférieure au rouge visible) provenant du Soleil et qui provoque un échauffement de l'habitacle. Le dépôt de couches métalliques permet d'obtenir ce résultat tout en laissant passer la lumière visible. En contrepartie, une partie de la lumière rouge est réfléchie. On observe alors une dominante bleutée qui correspond à la couleur complémentaire du rouge.

Une conséquence de ce traitement est qu'un signal GPS, qui est une onde électromagnétique, risque de ne pas pouvoir traverser convenablement le pare-brise.

La réflexion totale d'une onde électromagnétique par une épaisse couche de métal se vérifie facilement en recouvrant un téléphone portable d'une feuille de papier aluminium. Il sera impossible de le faire sonner. Il lui est impossible d'échanger une information avec le milieu extérieur.

Les militaires souhaitent qu'un avion ait un écho radar aussi faible que possible. Le F117 et le B2 américain sont équipés d'un revêtement qui absorbe l'onde radar incidente. Plusieurs techniques sont employées afin de couvrir la gamme de fréquence radar la plus large possible. On utilise des matériaux magnétiques qui vont dissiper l'énergie de l'onde radar sous forme de chaleur et donc éviter un écho. Afin de couvrir une gamme de fréquence aussi large que possible on utilise plusieurs couches de matériaux. L'idée consiste alors à faire interférer destructivement l'onde radar dans le matériau multicouche ainsi obtenu. En d'autres termes, la somme des amplitudes de l'onde incidente et des ondes réfléchies par les différents motifs ou matériaux est nulle.

Les avions furtifs américains F117 et B2

Les avions furtifs F117 et B2 ont des coûts d'entretien astronomiques. Le prix d'un avion B2 est de l'ordre de 2 milliards de dollars, soit le prix de son poids en or !

Q.10 Pourquoi peut-on chauffer un verre d'eau à l'aide d'un four à micro-ondes ?

Un four à micro-onde produit des ondes électromagnétiques de fréquence 2,45.10^9 Hz (2,45 GHz). On caractérise une onde par sa fréquence F, mais aussi par sa longueur d'onde $\lambda = \frac{c}{F}$. Dans le cas du four, la longueur d'onde est de l'ordre de 3 cm.

À cette fréquence uniquement, l'onde peut céder beaucoup d'énergie à l'eau. Cet apport d'énergie va provoquer une plus grande agitation des molécules d'eau. La température de l'eau va donc s'élever. C'est le principe de la cuisson par micro-onde.

On se protège de ce rayonnement micro-onde en plaçant une grille métallique (dans la porte) qui a la propriété de réfléchir les ondes électromagnétiques.

À cette fréquence, le verre n'a pas les propriétés de l'eau (à d'autres fréquences, ils sont tous les deux transparents). Le verre n'est donc pas chauffé directement par les micro-ondes mais par le liquide chaud qu'il contient.

Sans entrer dans le débat sur la nocivité des micro-ondes, on notera que les systèmes sans fils actuels fonctionnent autour de 2,4 GHz (2 400 MHz), ainsi que les portables à la norme UMTS (Universal Mobile Telecom System).

Allocation des fréquences en téléphonie mobile en Europe

Norme	Fréquence de réception (MHz)	Fréquence d'émission (MHz)
GSM	890-915	935-960
UMTS	1 900-1 980 2 010-2 025	2 110-2 170

Un téléphone portable ne fonctionne pas à la même fréquence lorsqu'il reçoit ou émet un signal. Des bandes de fréquences ont été définies. Elles sont découpées en canaux de largeur 0,2 MHZ qui sont alloués aux différents opérateurs de téléphonie mobile.

⏭ Pour aller plus loin

Les micro-ondes se retrouvent dans bien des domaines de la physique, notamment dans la théorie du Big-Bang.

Dans cette théorie prétend expliquer l'origine de notre Univers, on pense qu'il a existé une phase (dite de recombinaison) qui se serait produite 380 000 ans après l'explosion initiale. Jusqu'alors, l'Univers était opaque dans le sens où tous les photons étaient absorbés par la matière en formation.

Cette phase est apparue lorsque la température a atteint 3 000 K. À ce moment, les photons ne sont plus alors assez énergétiques pour être absorbés en dissociant les corps en formation. Les premiers corps stables peuvent alors se former (hydrogène, hélium). C'est la phase de recombinaison. Les photons peuvent donc se propager et c'est là que l'on retrouve la notion de micro-onde, car il reste une trace de ce rayonnement qui correspond aux fréquences des micro-ondes. La longueur d'onde associée à ce rayonnement est de l'ordre du millimètre. Ce dernier a été découvert par Penzias et Wilson en 1965 et est considéré actuellement comme une preuve en faveur du scénario de la théorie du Big-Bang.

Source : NASA/WMAP Science Team.

Les observations de la sonde WMAP montrent la présence d'anisotropies du rayonnement fossile datant de 13,7 milliards d'années correspondant à l'âge présumé de l'Univers.

La réponse à la question de savoir si ce rayonnement est rigoureusement identique dans toutes les directions de l'espace est fondamentale. Les mesures récentes montrent que les fluctuations sont très faibles. Leur existence est cependant très importante, car elles sont nécessaires du fait que ce sont les variations de densité qui ont conduit à la formation des galaxies, et donc de notre monde ! Strictement aucune fluctuation serait synonyme d'absence d'Univers !

Il existe une correspondance entre fréquence de l'onde électromagnétique et la température d'un corps particulier dit corps noir (les fréquences du rayonnement qu'il émet dépendent directement de sa température). Les mesures montrent des variations de température de l'ordre de 0,00005 Kelvin, la température moyenne du rayonnement étant de 2,73 Kelvin.

Il faut cependant introduire le concept d'énergie sombre pour pouvoir justifier la présence d'inhomogénéités et donc de galaxies.

Q.11 Pourquoi la lumière visible se propage-t-elle difficilement dans l'eau ?

Les molécules d'eau ont la capacité d'absorber facilement les photons. Si la lumière est atténuée, cela est dû au fait que la proportion de photons (qui constituent le faisceau de lumière) à être absorbés est importante. Cette capacité dépend de la fréquence qui est une caractéristique du photon considéré. Plus la fréquence est élevée, plus les photons sont absorbés et moins l'onde peut pénétrer profondément dans l'eau. En d'autres termes, le rayonnement infrarouge (basse fréquence) pénètre plus facilement (il est moins absorbé) que le rayonnement ultraviolet (haute fréquence).

On retrouve cette propriété dans le cas du verre : on ne bronze pas derrière une baie vitrée car les rayons ultraviolets (U-V) n'ont pas la capacité à traverser le verre.

À ce phénomène lié à la fréquence, s'ajoute le nombre de molécules qu'un photon est susceptible de rencontrer. L'absorption dans un gaz sera donc plus faible que dans le cas d'un liquide qui contient beaucoup plus de molécules pour le même volume.

Si le milieu contient des particules en suspension, il y a diffusion de la lumière par ces dernières.

L'expérience suivante est instructive : versons quelques gouttes de lait dans un verre d'eau et regardons une source lumineuse à travers ce verre.

Question 11

Mélange diffusant : eau + gouttes de lait

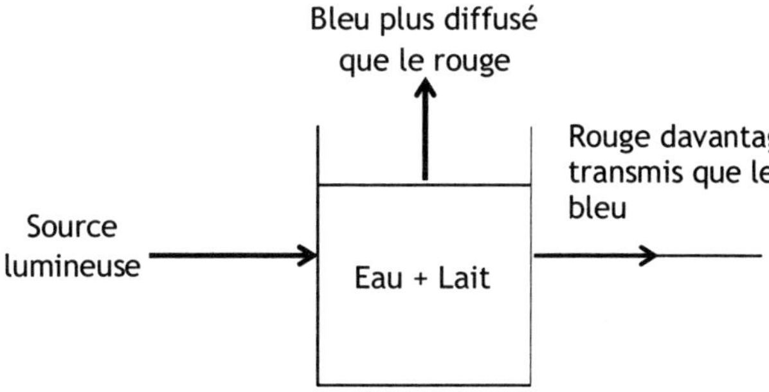

La lumière en regardant dans la direction de l'ampoule nous paraît orangée. Sur les côtés, l'eau apparaît légèrement bleutée.

Ces deux observations s'expliquent par le fait que la lumière est diffusée par les petites particules constituant le lait et dont la taille est comparable à la longueur d'onde du rayonnement utilisé. Il s'agit de la diffusion Rayleigh qui indique que plus la fréquence est élevée plus l'onde est diffusée. En d'autres termes : le bleu est plus diffusé que le rouge qui a une fréquence plus faible. Le bleu étant plus diffusé l'eau apparaît bleutée. Le rayonnement ayant perdu une partie de sa composante bleue nous apparaît rouge orangé.

On retrouve ce phénomène de diffusion par l'atmosphère. Lorsque l'épaisseur d'atmosphère à traverser est importante le bleu est fortement diffusé, la source nous apparaît orangée. C'est le coucher du Soleil.

Lorsque dans la journée, l'épaisseur est faible la diffusion du bleu explique la couleur du ciel.

Lors des phases d'éclipse de Lune (elle se trouve dans le cône d'ombre formé par la Terre), le rayonnement provenant du Soleil est diffusé par l'atmosphère terrestre, et c'est essentiellement la composante rouge qui éclaire la Lune, le bleu étant davantage diffusé. C'est ce qu'on appelle la Lune rousse.

⏭ Pour aller plus loin

Les communications avec les sous-marins nécessitent une pénétration importante des ondes électromagnétiques dans l'eau. La profondeur de pénétration d'une onde diminuant avec la fréquence, il faut utiliser des fréquences les plus basses possibles (quelques KHz).

Le problème est que la taille des antennes doit être de l'ordre de la longueur d'onde utilisée qui est de plusieurs kilomètres !

Pratiquement on utilise des sous multiples (moitié, quart, seizième...). En conséquence, les sous-marins doivent traîner derrière eux un très long fil de plusieurs centaines de mètres qui constitue une antenne. Les équipements militaires les plus sophistiqués utilisent de très basses fréquences (quelques dizaines de Hz). La communication avec les sous marins nucléaires peut alors se faire à grande profondeur. Le prix à payer est le très petit nombre d'informations qu'il est possible de transmettre compte tenu de la faible fréquence utilisée. Ce mode de communication nécessite la réalisation d'immenses antennes dont la taille est un sous multiple de la longueur d'onde utilisée, soit plusieurs dizaines de kilomètres ! Dans ce but, les États-Unis ont choisi d'utiliser la couche ionisée de l'atmosphère terrestre (ionosphère) comme une gigantesque antenne. Ce projet, dont le cigle est HAARP (High frequency Active Auroral Research Program), a pour but officiel l'étude des aurores boréales. Il peut en réalité servir à produire des ondes électromagnétiques de très basse fréquence à des fins de communication militaire. Le fait d'utiliser la ionosphère n'est pas sans poser quelques interrogations quant à l'éventuel impact environnemental de telles technologies.

Le verre nous apparaît transparent car les photons correspondant à la lumière visible n'ont pas la possibilité d'être absorbés. Il n'y a donc pas d'atténuation tant que les épaisseurs considérées ne sont pas trop importantes. Lorsque le matériau contient des ions positifs (atome ayant perdu un ou plusieurs électrons) il peut avoir la capacité à absorber certains photons. À titre d'exemple, l'émeraude contient des ions chrome qui conduisent à une absorption des photons correspondant à la couleur rouge. L'émeraude nous apparaît ainsi avec la couleur complémentaire, c'est-à-dire le vert. Inversement le rubis nous apparaît rouge car les ions chrome qu'il contient également ne sont pas dans le même environnement et absorbent cette fois dans le vert. Ce dernier cas est cependant un peu plus complexe car le rubis a la propriété, lorsqu'il absorbe des photons, de réémettre des photons correspondant à la lumière rouge. C'est la raison pour laquelle le rouge du rubis est très intense. On parle dans ce cas de fluorescence.

Q.12 Pourquoi un objet placé au fond d'un verre nous semble-t-il plus proche qu'en réalité ?

Nous avons vu que l'on peut caractériser un matériau par son indice *n*. Lorsqu'un rayon de lumière passe dans un milieu où l'indice est différent il va subir une déviation, sauf dans le cas particulier où il arrive perpendiculairement à la surface de séparation. On appelle normale la droite perpendiculaire à la surface de séparation. Deux cas sont à envisager :

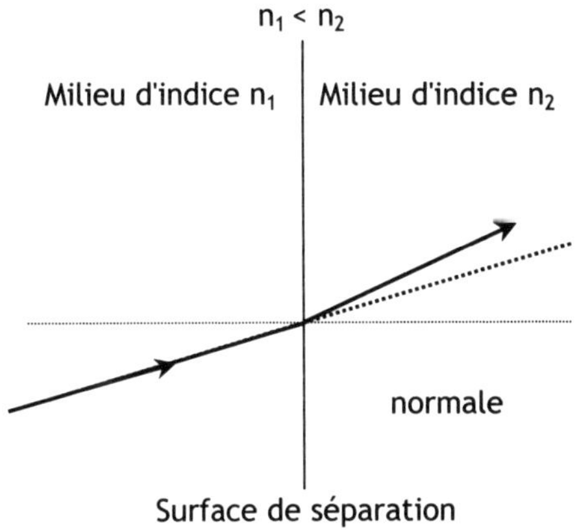

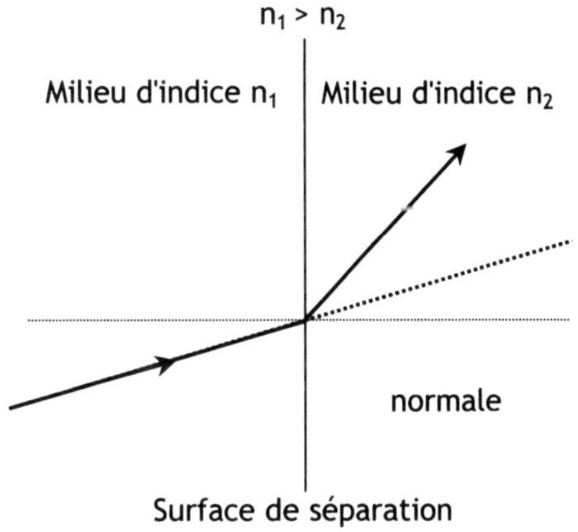

Si l'indice du 2ème milieu est plus grand, le rayon se rapproche de la normale.
Si l'indice du 2ème milieu est plus petit, le rayon s'éloigne de la normale.

Question 12

Lorsqu'un objet est placé dans l'eau, les rayons issus de cet objet, passent de l'eau d'indice $n = 1{,}33$, à l'air d'indice $n = 1$. Les rayons vont donc s'écarter de la normale.

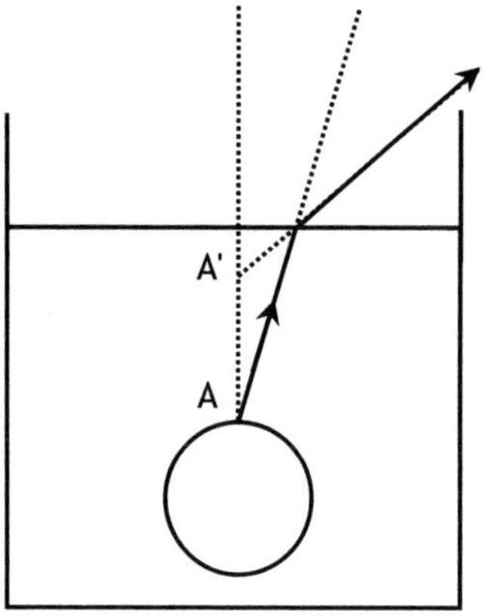

Les rayons provenant d'un point A de l'objet, en s'écartant, vont sembler provenir d'un point A' plus proche pour un observateur.

⏭ Pour aller plus loin

Tous les systèmes optiques, afin de provoquer une déviation des rayons, utilisent le passage de la lumière dans des milieux d'indices différents. Dans le cas de l'œil, le cristallin a pour rôle de concentrer les rayons lumineux sur la surface de la rétine. Ceci est assuré par la forme convexe du cristallin et son indice $n = 1{,}420$. L'humeur vitrée qui remplit la cavité constituant l'œil a un indice $n = 1{,}336$.

Cristallin humain

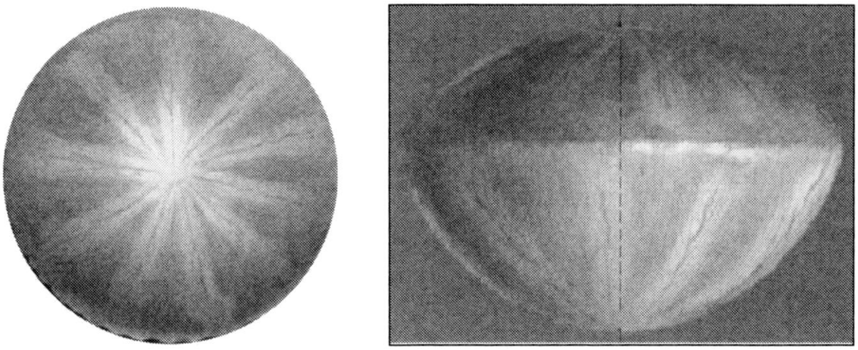

(a) (b)

(a) Les muscles ciliés visibles sur la photo de la face avant permettent une modification de la courbure afin que l'image d'un objet se forme bien sur la rétine.
(b) Le cristallin a une forme biconvexe.

Un œil myope est trop long ou fait converger les rayons avant la rétine.

Un œil hypermétrope est trop court ou fait converger les rayons après la rétine.

Un œil presbyte n'a plus la capacité d'accommodation. Le cristallin se déforme moins bien dans le but de former l'image sur la rétine. La vision de près en est affectée.

Un œil est astigmate si la cornée ou le cristallin ont des défauts de courbure. Deux traits parallèles sembleront déformés.

Dans le cas de l'œil d'une mouche, il y a des milliers de récepteurs : les ommatidies. Chaque récepteur contient un cristallin et constitue donc un œil à lui tout seul.

Plus un objet est près du cristallin plus la distance nécessaire pour que l'image soit nette sur la rétine doit être grande (si l'œil n'accommode pas). Le cheval a un œil aplati et peut donc voir les objets proches, l'image se formant sur le haut de la rétine, et les objets lointains, l'image se formant au centre de la rétine. L'œil se comporte donc comme un système à double foyer sauf que la focale est constante et c'est la distance du cristallin à la rétine qui varie.

L'œil humain est sphérique et la distance du cristallin à la rétine ne varie pas dans les mêmes proportions. Il doit faire un choix : accommoder pour voir de près ou accommoder pour voir de loin. Le cheval à la capacité à voir de près et de loin nettement au même instant. Cela lui permet ainsi de guetter l'arrivée d'un éventuel prédateur tout en broutant.

Schématisation de l'œil d'un cheval

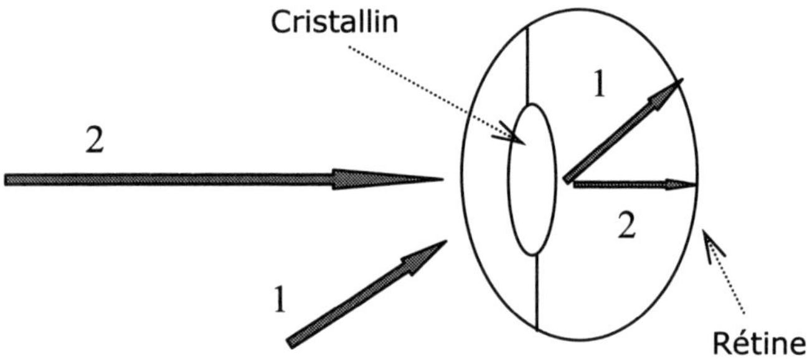

Le rayon 1 qui correspond à un objet proche (l'herbe) a la distance nécessaire pour converger nettement sur le haut de la rétine. Le rayon 2 qui correspond à un objet lointain (le prédateur) à la distance nécessaire (plus petite que dans le cas 1) pour converger nettement sur la rétine.

Q.13 À quoi doit-on la formation de bulles dans un verre d'eau gazeuse ou de champagne ?

L'eau gazeuse contient un gaz dissous, le dioxyde de carbone. La quantité de gaz contenue dans le liquide est proportionnelle à la pression qui règne à sa surface (loi de Henry). On dit que la solubilité augmente avec la pression. Lorsque le liquide est dans une bouteille fermée, la pression extérieure est due au gaz présent au niveau du goulot. Si l'on ouvre la bouteille, cette pression va brutalement chuter et la solubilité diminuer. Une partie du gaz dissous va donc quitter le liquide.

Une partie du gaz s'échappe directement à l'interface eau-air, et le reste sous forme de bulles.

À titre d'exemple, dans le cas du champagne, une bouteille contient environ 5 litres de gaz dioxyde de carbone dissous, soit environ 10 grammes. La perte sous forme de bulles ne représente qu'un quart du dégagement total.

Ce brusque dégagement de bulles dû à la baisse de pression explique les accidents de décompression lors d'une remontée trop rapide d'un plongeur. Les bulles qui se forment sont d'autant plus néfastes que leur volume va augmenter au fur et à mesure de la remontée.

La formation d'une bulle est un phénomène qui nécessite beaucoup d'énergie car pour qu'une bulle ou une goutte se forme, il faut créer une surface de séparation entre un gaz et un liquide (interface). Le gaz emprisonné à l'intérieur est toujours à une pression plus élevée que le milieu où se forme la bulle.

L'énergie nécessaire pour créer une telle interface est proportionnelle à la surface de séparation. En d'autres termes, si l'on souhaite doubler la surface de la bulle, il faudra fournir deux fois plus d'énergie. Le coefficient de proportionnalité entre l'énergie et la surface est appelé tension superficielle.

La différence de pression entre l'intérieur et l'extérieur de la bulle (goutte) est inversement proportionnelle à son rayon (loi de Laplace) et à la valeur de la tension superficielle. Autrement dit, plus le rayon est petit plus la pression à l'intérieur de la bulle est grande par rapport à l'extérieur. Par exemple dans le cas d'une microgoutte d'aérosol, la pression à l'intérieur est environ égale au double de la pression atmosphérique.

Pour un volume donné, la sphère est la géométrie qui minimise la surface définissant ce volume. Pour une quantité de gaz donnée, la forme sera donc sphérique afin de minimiser l'énergie de la bulle (goutte).

Il faut donc suffisamment d'énergie pour que le gaz dissous crée une interface. Ceci n'est pas possible en un point quelconque du liquide. Dans la pratique, ce sont les dépôts de calcaire ou de fibres de cellulose (tissus) présents sur la paroi du verre qui contiennent des petites quantités d'air. Le gaz dissous va pouvoir se diffuser dans ces poches et former une bulle. Le processus est en effet beaucoup moins exigeant du point de vue énergétique.

La bulle va alors grossir, et sous l'effet de la poussée d'Archimède, qui est proportionnelle au volume occupé, elle va finir par remonter.

⏭ Pour aller plus loin

Le fait qu'une surface existe conduit nécessairement à l'existence d'une tension superficielle. Les molécules constituant le volume sont en interaction de façon symétrique. Le phénomène est nécessairement attractif, sinon le liquide n'existerait pas. À la surface, il y a rupture de cette symétrie. Les molécules présentes à la surface ont tendance à être attirées vers l'intérieur du liquide. La surface tend donc à être minimale et on comprend qu'inversement il va falloir fournir de l'énergie pour créer une surface entre deux milieux différents (une interface).

Question 13

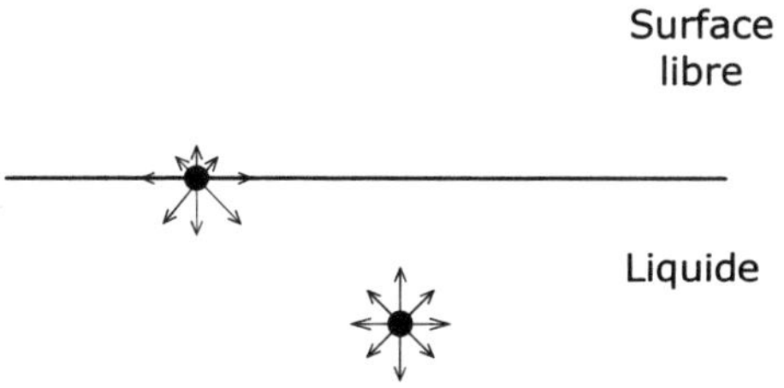

Les interactions entre molécules sont les mêmes dans toutes les directions de l'espace dans le liquide. Il existe une dissymétrie à l'interface qui est à l'origine de la notion de tension superficielle.

Les produits qui diminuent l'intensité de la tension superficielle sont dits tensioactifs. Ils sont constitués d'une partie hydrophile (affinité pour l'eau) et d'une partie hydrophobe (aucune affinité pour l'eau). Ils modifient ainsi la structure de l'interface et en particulier son énergie et donc la valeur de la tension superficielle.

Si l'on verse du poivre sur de l'eau, l'ajout de quelques gouttes de liquide vaisselle, provoque la fuite du poivre vers le bord du récipient.

Goutte de liquide vaisselle dans un verre vue de dessus

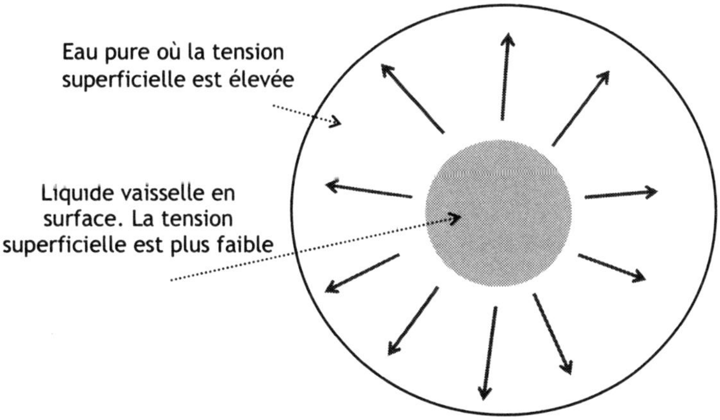

La surface du liquide a tendance à être minimale (celle en gris aussi mais de façon moins importante). La résultante est une force (flèches) qui précipite le poivre sur les bords du récipient.

De la même façon on observe la remontée de liquide le long des parois d'un verre contenant de l'alcool. Ce dernier a la propriété d'abaisser la tension superficielle. L'alcool présent dans le film qui existe sur la paroi à tendance à s'évaporer. En conséquence, le sommet du film contient moins d'alcool que le bas. La tension superficielle de l'eau a donc été moins abaissée par l'alcool en haut qu'en bas. La résultante ne peut être qu'une force verticale dirigée vers le haut. L'alcool va avoir tendance à remonter jusqu'à ce que la situation devienne instable. Le liquide se met alors à redescendre sous l'effet de la gravité. On parle alors de façon imagée des larmes du vin.

Verre de vin vu de dessus

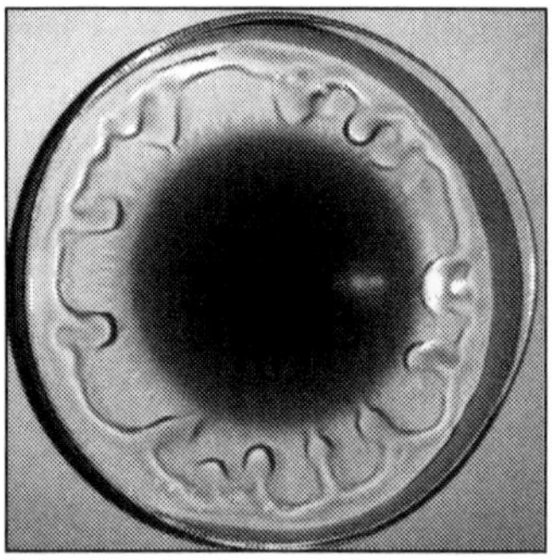

Source : J.W.M Bush.

Les larmes de vin retombant le long de la paroi d'un verre ne sont en aucun cas caractéristiques de la qualité du vin. Elles illustrent l'effet Marangoni dû à une valeur différente de la tension superficielle entre le sommet et le bas du film de vin présent sur la paroi.

La tension superficielle peut être suffisante pour maintenir une petite masse métallique hors de l'eau. Elle dépend du périmètre de l'objet, alors que le poids dépend du volume. Quand le volume augmente, le périmètre n'augmente pas dans les mêmes proportions. La possibilité de faire flotter un objet grâce à la tension superficielle est donc limitée aux petits volumes.

Question 13

Il est facile de faire flotter une aiguille métallique sur l'eau grâce à la tension superficielle qui compense la faiblesse de la poussée d'Archimède qui est incapable de compenser à elle seule le poids. Il suffit de graisser au préalable l'aiguille (le contact avec la main peut être suffisant) et de la déposer délicatement à l'aide d'un papier.

De la même façon, le gerris dont la masse est très faible, peut marcher à la surface de l'eau.

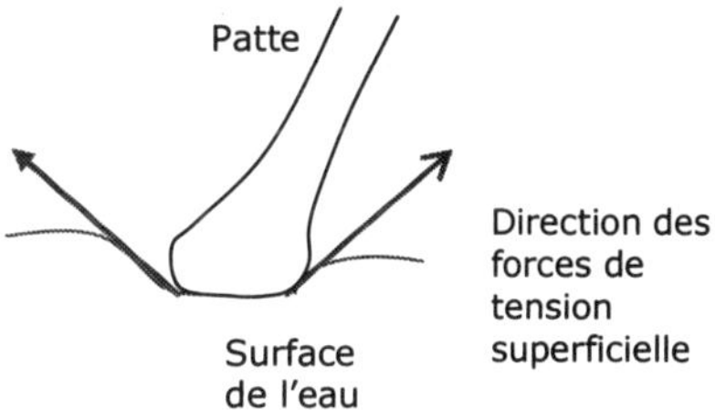

La résultante des forces de tension superficielle est dirigée vers le haut. Elle s'exerce tout autour de la patte et est suffisante pour compenser le poids.

Dans le cas d'une bulle, la pression à l'intérieur est d'autant plus forte que le rayon est petit. Si l'on met en contact une petite bulle et une plus grosse, c'est la plus petite qui se videra dans la plus grosse et non l'inverse. En effet, la pression de l'air présent dans la petite est plus élevée que dans la grosse.

Ceci peut avoir des conséquences fâcheuses dans le cas de la respiration. Les alvéoles pulmonaires sont constituées de petites cavités qui se remplissent d'air. En vertu du principe précédent, les petites alvéoles devraient avoir tendance à se vider dans les plus grosses. La présence d'un surfactant (agent tensioactif) va diminuer la valeur de la tension superficielle et donc atténuer ce phénomène. Ceci a pour conséquence d'empêcher une bonne oxygénation au niveau des alvéoles. C'est le mécanisme de la respiration qui est directement concerné. Malheureusement, dans le cas d'enfants prématurés, l'absence de cet agent peut parfois conduire à une détresse respiratoire mortelle.

De façon plus anecdotique on constate que les petites gouttes d'huile, présentes dans une émulsion réalisée avec de l'eau, ont tendance à se regrouper pour former de plus grosses gouttes. La pression à l'intérieur d'une petite goutte étant plus élevée que dans le cas d'une grosse goutte, il se développe une instabilité en faveur de l'état où la pression est plus faible, c'est-à-dire en faveur de la grosse goutte.

La recherche d'une surface minimale est un problème complexe. On peut se demander par exemple, quelles structures accolées permettent de remplir tout l'espace tout en ayant une surface minimale. En d'autres termes : quelle est la structure d'une mousse parfaite ?

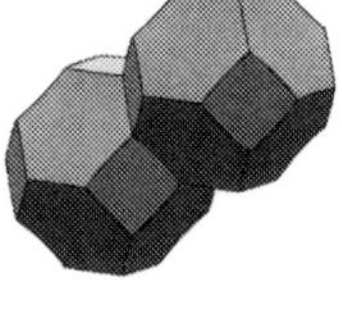

Une solution au problème a été proposée par Lord Kelvin en 1887 à l'aide d'un polyèdre à 14 faces. L'image en représente deux accolés.

Pour la petite histoire, il est instructif de noter que Kelvin trouva cette solution dans le cadre d'un autre problème. À cette époque, on pensait que l'Univers baignait dans un fluide, dénommé Ether, aux propriétés tout à fait particulières. Il imagina donc que cet éther avait la structure d'une mousse, d'où la solution qu'il proposa. L'hypothèse de l'Ether fut par la suite abandonnée tant les contradictions quelle impliquait étaient grandes. On doit à Einstein le fait d'avoir conçu une théorie (la Relativité) permettant d'abandonner sans regrets l'hypothèse de l'Ether.

En 1993 une nouvelle solution fut proposée par D. Weaire et R. Phelan. Elle consiste à assembler plusieurs structures de même volume, alors que Kelvin n'en utilisait qu'une seule. Le gain sur la surface est de 0,3 %. La solution est plus complexe et on ignore s'il en existe une meilleure.

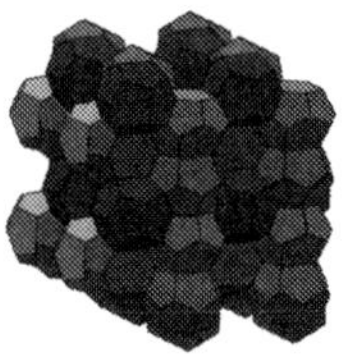

La structure découverte par D. Weaire et R. Phelan est une association complexe de 2 types de volumes composés de motifs pentagonaux (5 côtés) ou hexagonaux (6).

Si le calcul d'une surface minimale est souvent très ardu, il est facile de trouver expérimentalement la surface minimale d'un film de savon. Par exemple la surface formée à partir des arêtes d'un cube s'obtient en plongeant un cube en fil de fer dans une solution savonneuse. Le film de savon formé adopte naturellement une surface qui minimise son énergie. Plusieurs solutions sont possibles (minimum relatif). La difficulté consiste à déterminer le minimum absolu qui correspond à la solution la plus basse en énergie.

Afin d'obtenir des films de savon stables, il est bon d'incorporer dans le mélange un peu de glycérine (disponible en pharmacie).

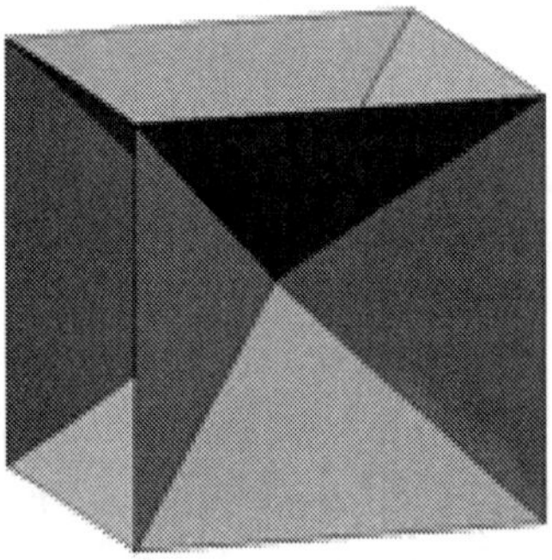

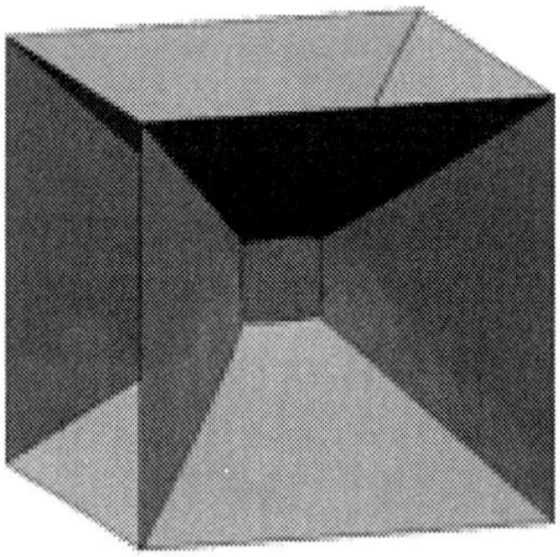

Si l'on plonge un cube constitué uniquement d'arêtes (pas de face pleine) dans un mélange eau liquide vaisselle, la surface qui se forme tend à être minimale. Plusieurs minima sont possibles. Ces images ont été obtenues grâce au logiciel SOLVER (disponible gratuitement sur Internet) qui permet la détermination des minima d'énergie d'un système physique donné. C'est en utilisant ce logiciel que la solution de D. Weaire et R. Phelan a été trouvée.

Q.14 Pourquoi un liquide remonte-t-il légèrement sur les bords du verre ?

Si l'on regarde la forme de la surface de l'eau, on constate une forme arrondie sur les bords qui résulte de l'équilibre entre trois tensions d'interface. La surface en contact avec l'air forme un ménisque qui peut avoir sa concavité, vers le haut, ou vers le bas.

En chaque point de contact entre la surface libre et le verre, il y a l'équilibre entre les différentes tensions superficielles notées γ.

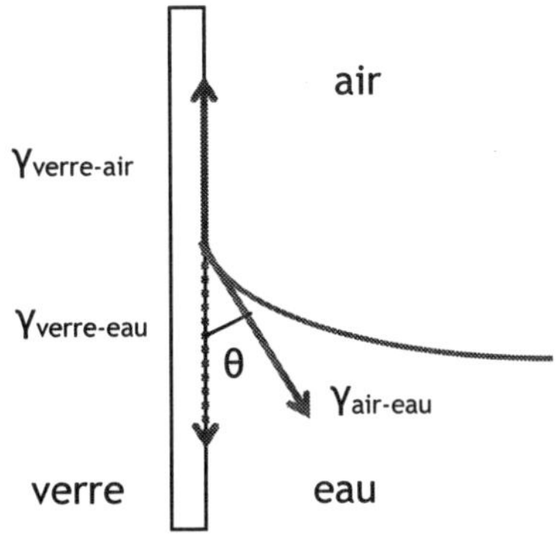

La forme de la surface libre dépend de l'équilibre des 3 forces en présence sur le pourtour du verre.

L'angle θ, est nommé angle de raccordement ou de contact. Il est caractéristique de l'équilibre des forces en présence et peut être plus petit que 90°, on dit alors qu'il y a mouillage (le liquide s'étale en partie sur le support).

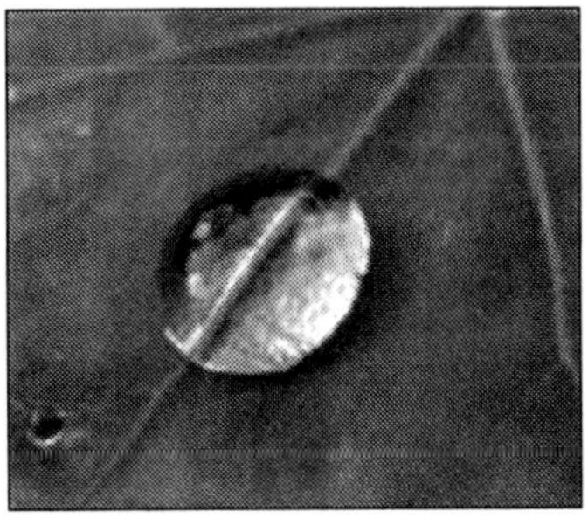

Les gouttelettes de rosée sur une feuille relèvent d'un cas où le mouillage est très faible.

Si l'équilibre entre les différentes tensions d'interface n'est pas possible, le liquide s'étale totalement sur le support. Dans le cas contraire le liquide est non-mouillant. C'est le cas du mercure déposé sur du verre, ou de l'eau sur de la matière grasse.

Question 14

Déposée sur une surface hydrophobe, l'eau prend une forme quasi sphérique qui résulte de la minimisation de sa surface et de l'équilibre entre les différentes tensions d'interface.

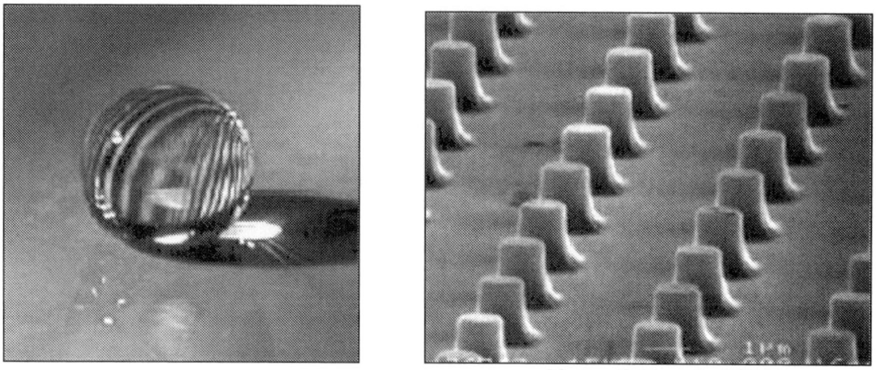

Photos : C. Marzolin EDP Sciences.

Dans le cas de supports extrêmement hydrophobes, la forme est parfaitement sphérique. On obtient ce genre de support en réalisant par exemple un réseau de plots.

Les propriétés des supports hydrophobes sont surprenantes en ce qui concerne la dynamique d'une goutte.

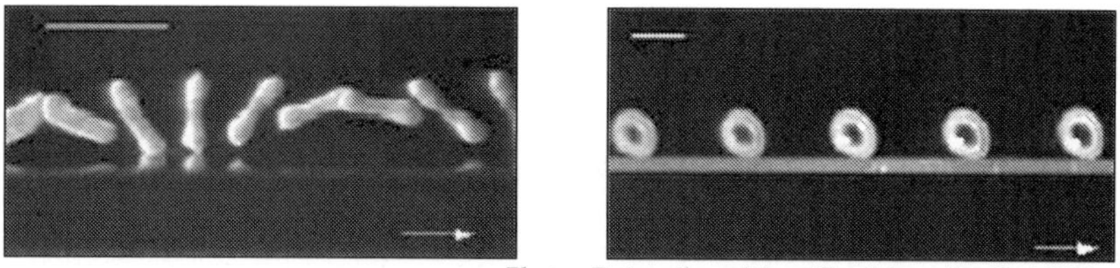

Photo : P. Aussilous, Macmillan Magazines Ltd 2001.

Une goutte de glycérol, qui dévale sur un support hydrophobe incliné, peut prendre deux formes : le tore ou la cacahuète.

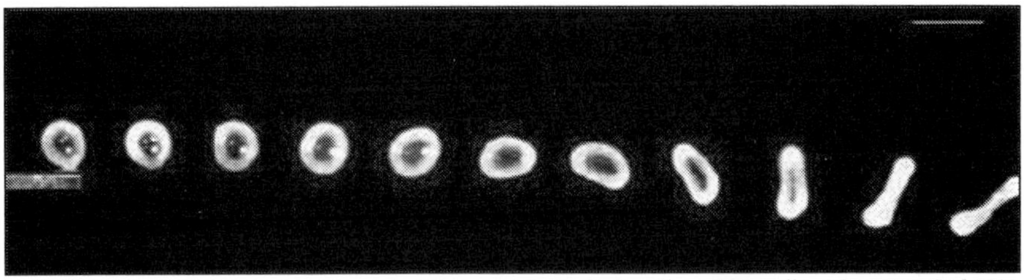

Photo : P. Aussilous, Macmillan Magazines Ltd 2001.

La forme toroïdale est instable. Lors d'une chute libre elle évolue vers la forme en cacahuète.

⏭ Pour aller plus loin

Le Gore-Tex® est constitué d'un matériau hydrophobe (Teflon®). Il est donc parfaitement adapté pour des vêtements imperméables, puisque l'eau ne va pas mouiller le support. Les micropores (plus d'un milliard par cm^2) permettent cependant à la vapeur d'eau issue de la transpiration de s'évacuer. Il est protégé par d'autres matériaux car son épaisseur est très faible (0,02 à 0,05 mm).

Le Teflon® est constitué de grandes chaînes moléculaires. Il s'agit donc d'un polymère. Ses utilisations sont innombrables. Déposé sur de l'aluminium, il sert de revêtement anti-adhérent (poêle à frire).

L'existence d'une interface entre deux liquides suppose qu'ils ne puissent pas se mélanger. Ils sont dits non miscibles. C'est le cas de l'huile et de l'eau qui, lorsqu'on les mélange et on agite fortement, forment une émulsion. Il y a dispersion de microgouttelettes.

La stabilité de l'émulsion est assurée par un agent tensioactif qui possède une extrémité hydrophile (affinité avec l'eau) et l'autre lipophile (affinité avec l'huile). Dans le cas d'une mayonnaise, ce rôle est assuré par le jaune d'œuf. Mais en fait le blanc d'œuf est aussi un agent tensioactif grâce à l'albumine qu'il contient. Il est donc possible, mais plus délicat, de réaliser une mayonnaise au blanc d'œuf.

L'existence d'une interface a des conséquences, d'un point de vue optique, sur le trajet d'un rayon.

Ce principe est utilisé dans les lentilles varioptic® qui contiennent deux liquides non miscibles : l'eau, qui est conductrice de l'électricité et l'huile qui ne l'est pas. Les parois de la lentille sont hydrophobes et contiennent des électrodes. L'eau a donc tendance à éviter la paroi, ce qui donne une forme courbée à l'interface. L'application d'une tension rend la paroi moins hydrophobe, ce qui modifie la courbure de l'interface qui est une caractéristique de la lentille. Il s'agit d'un phénomène d'électromouillage.

Principe d'une lentille Varioptic

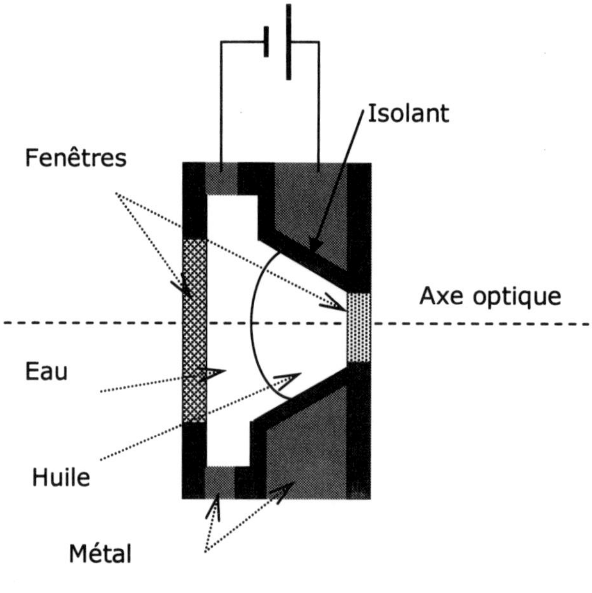

L'association eau + huile, grâce à l'interface formée, se comporte comme une lentille dont on peut modifier aisément les propriétés tout en consommant très peu d'énergie. De nombreuses applications sont envisagées, en particulier la réalisation d'objectifs de téléphones portables (Zoom) à très faible coût.

Question 14

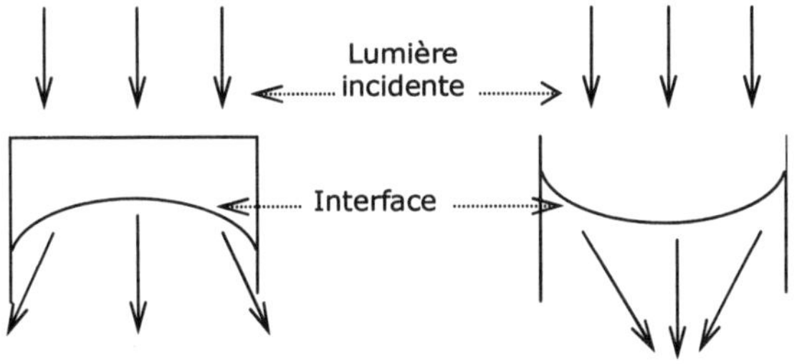

En fonction de la tension appliquée la courbure de l'interface change. Le système se comporte alors comme une lentille divergente ou convergente.

Q.15 Que devient la surface libre d'un verre d'eau en état d'apesanteur ?

L'état d'apesanteur se caractérise par la quasi absence du poids. Ce dernier est dû à l'attraction qu'exerce, par exemple, la Terre sur l'objet considéré. La portée de cette interaction est infinie et donc le poids ne peut donc jamais être rigoureusement nul. Il est dans le meilleur des cas négligeable. Par contre il est possible de créer une force de sens opposé qui ajoutée au poids créera une force résultante rigoureusement nulle. C'est le cas d'un objet placé en orbite autour de la Terre. La force centrifuge créée par la rotation peut équilibrer rigoureusement le poids.

Dans le cas de notre verre d'eau, il ne subsiste donc que les forces dues à la tension superficielle. La pression hydrostatique dans le liquide, due à la gravitation, va tendre vers zéro. Concrètement, si le liquide est mouillant, la courbure de la surface libre va augmenter et l'on va observer la formation d'un grand ménisque dans le verre. En présence de pesanteur, la courbure était uniquement visible sur les bords.

Le liquide n'a donc pas tendance à sortir du verre car la tension superficielle, d'après la loi de Laplace, conduit à une pression plus faible à l'intérieur du liquide qu'à l'extérieur. Le liquide est ainsi maintenu dans le verre.

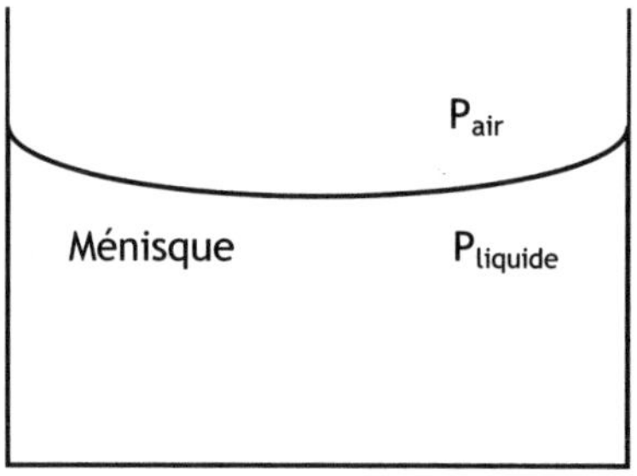

D'après la loi de Laplace, $P_{air} - P_{liquide} > 0$ et la surpression est donc du côté de la courbure de l'interface, c'est-à-dire vers le haut. Le liquide est en quelque sorte en dépression puisque $P_{air} < P_{liquide}$.

Si l'on se place en état d'apesanteur, par exemple en utilisant un avion effectuant un vol parabolique, pendant quelques dizaines de secondes tout se passe comme si l'on se trouvait dans une capsule spatiale.

Lorsque l'on renverse un verre, le liquide qu'il contenait évolue sous l'effet des interactions existant entre les molécules qui le composent. Aucune forme précise ne peut alors se dégager.

⏭ Pour aller plus loin

Il est possible d'obtenir sur Terre un état de micropesanteur en utilisant un avion. Dans un premier temps, le pilote monte à 7 500 m (l'accélération est alors de 1,8 g) puis réduit très fortement la puissance des moteurs. L'avion n'est alors plus soumis qu'à son poids. On dit qu'il est en chute libre. À l'intérieur, pendant une vingtaine de seconde, tout se passe comme si le poids n'existait plus. Le pilote remet ensuite les gaz (l'accélération est de nouveau 1,8 g). Durant cette troisième phase le poids est au contraire multiplié par 1,8 !

La trajectoire durant cette phase de microgravité a la forme d'une parabole. C'est exactement la même trajectoire que l'on obtient en lançant une pierre dans le champ de pesanteur. Le terme chute veut dire que seul la gravité agit (pas les frottements de l'air). On peut donc être en chute libre avec une vitesse dirigée vers le haut. Cela signifie simplement que cette vitesse va d'abord diminuer, puis s'annuler et enfin augmenter lorsqu'on se dirigera vers le sol.

Il faut bien comprendre que le poids n'a pas été annulé (un corps demeure attiré par la Terre). Mais il ne tombe pas en chute verticale sous l'effet de son poids ! Sa trajectoire est parabolique.

On obtiendrait exactement le même résultat en se laissant tomber du haut d'un immeuble, à condition de pouvoir négliger les frottements (ce qui n'est pas le cas). La fin de l'expérience serait d'autre part tragique…

Cependant, chacun a pu ressentir très brièvement cet état d'apesanteur dans un ascenseur qui s'arrête brutalement. À cet instant un corps poursuit sa trajectoire en chute libre (la vitesse étant dirigée vers le haut).

Question 15

Principe d'un vol parabolique

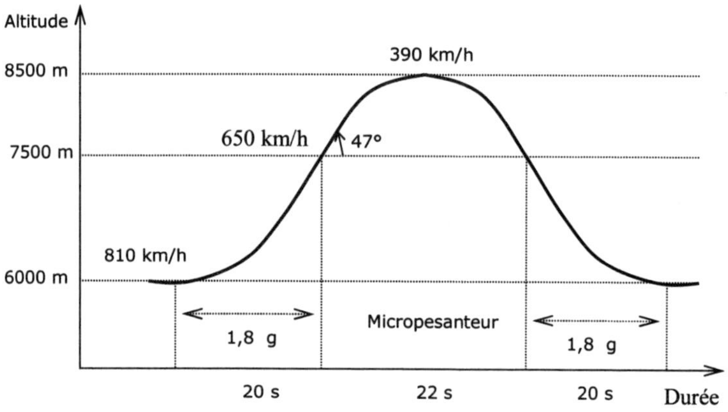

Source ESA

Il est possible de répéter une trentaine de fois la phase de micropesanteur lors d'un vol de 2 à 3 h. En utilisant des fusées sondes, il est possible d'atteindre une phase de micropesanteur de plusieurs minutes.

Dans l'espace, donc en état réel de quasi absence de la pesanteur, les phénomènes de convection disparaissent. En effet la convection existe parce que l'air chaud monte du fait qu'il est plus léger que l'air froid. En l'absence de gravité il ne peut évidemment pas être plus léger puisque la notion de poids perd son sens. La flamme d'une bougie perd son aspect allongé provoqué par les mouvements de convection.

En l'absence de gravité, la poussée d'Archimède n'existe plus. Les gaz chauds n'ont donc aucune tendance à monter dans l'air froid. Sans convection, la forme de la flamme est sphérique. Le dioxyde de carbone produit par la combustion n'a aucune tendance à partir, la flamme finit donc par être étouffée.

Q.16 Comment se propage une onde sonore dans l'eau ?

À la différence de la lumière, un son ne peut se propager sans support matériel (solide, liquide ou gaz). Dans le cas d'un gaz, un son correspond à une suite de compressions et de dilatations de l'air qui se propagent dans le milieu.

Dans le cas d'un solide, la vibration, qui est immatérielle, se déplace dans le milieu sans que la position moyenne des constituants change (ils oscillent autour de leur position d'équilibre). Le nombre d'oscillations par seconde constitue la fréquence du son. Plus la fréquence est élevée, plus le son est aigu.

On peut tout à fait prendre l'image d'une file de personnes très proches. Si l'on fait bouger le première, la perturbation va se propager plus ou moins rapidement au reste de la file. Si celle-ci est très dense, la propagation de la perturbation sera plus rapide. En conséquence, un son se propage plus rapidement dans un solide (≈ 5 000 m/s) que dans un liquide (≈ 1 500 m/s) et *a fortiori* dans un gaz (≈ 330 m/s).

Dans un liquide, du fait de la viscosité, l'onde est atténuée. Cet affaiblissement de l'amplitude des oscillations est d'autant plus grand que la fréquence est élevée : les sons aigus se propagent moins bien que les sons graves.

⏭ Pour aller plus loin

Dans le cas d'un sonar, l'onde acoustique émise, est réfléchie par les différents obstacles présents. L'analyse du signal réfléchi permet de remonter à la géométrie de l'objet réfléchissant.

Le principe est le même dans le cas d'une échographie. Afin de favoriser une bonne transmission de l'onde émise et de l'onde récupérée, on recouvre le patient d'un gel. Ce dernier a des caractéristiques acoustiques intermédiaires entre l'émetteur d'onde et le milieu étudié. Le signal acoustique mesuré est alors de meilleure qualité.

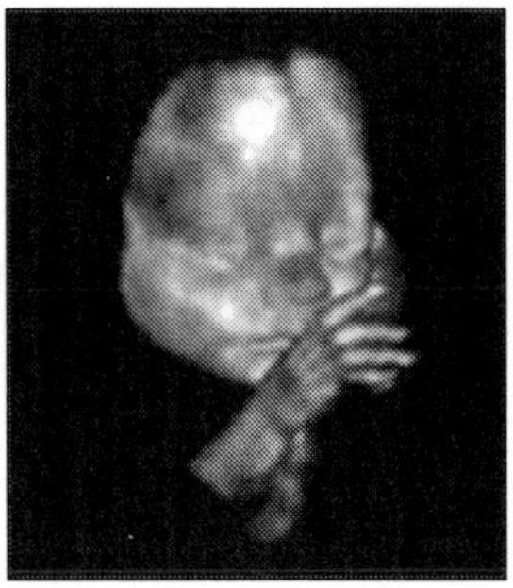

Source : Philips Medical System Research Paris.

Le réalisme atteint par les échographies modernes est étonnant.

Dans le cas d'un orage, le son émis est provoqué par une brusque dilatation de l'air. Celle-ci est due au courant électrique caractérisant l'éclair qui va brutalement chauffer le milieu où il passe. La température peut alors atteindre 30 000 °C. La vitesse du son dans l'air permet une détermination rapide de l'endroit où s'est produit l'éclair et donc où se situe l'orage. Il suffit de multiplier 330 m/s, par l'intervalle de temps entre l'éclair et la perception du son.

Un son est rarement décrit uniquement par sa fréquence. Dans la pratique le signal reçu par l'oreille est une superposition de sons de diverses fréquences ayant des amplitudes différentes. Un instrument de musique produit un son caractérisé par sa fréquence fondamentale et des multiples de cette fréquence que l'on nomme harmoniques.

L'analyse de Fourier d'un signal consiste à déterminer ces différentes fréquences, ainsi que les amplitudes correspondantes. On obtient alors le spectre du signal. Si l'on convertit ce dernier en signal numérique (suite de 0 et de 1) il est possible d'éliminer mathématiquement certaines fréquences (bruits) et de reconstituer un signal de meilleure qualité sonore. On a alors réalisé une opération de filtrage.

La représentation en fonction du temps du spectre d'un signal constitue un sonogramme.

Sonogramme du cri d'un dauphin

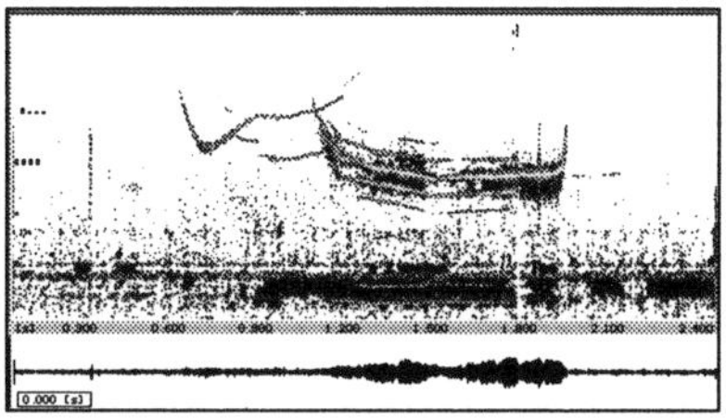

L'axe horizontal correspond à l'évolution en fonction du temps. La fréquence est décrite par un point plus ou moins sombre. Plus ce point est haut plus son amplitude est élevée. La partie inférieure décrit l'intensité du signal en fonction du temps en ayant cumulé toutes les fréquences existantes.

Q.17 Pourquoi peut-on obtenir un son en passant son doigt sur le bord d'un verre ?

Lorsqu'un objet subit une excitation périodique, il peut se mettre à vibrer de différentes façons. Ce sont les modes de vibration du solide. Par exemple, dans le cas d'une plaque métallique que l'on frotte sur l'un de ses côtés, on observe les figures de Chladni à l'aide de sable très fin. Ce dernier s'accumule dans les régions de la plaque qui ne vibrent pas.

Le cas d'un verre mis en vibration n'est pas fondamentalement différent, même si la géométrie est plus complexe. Un doigt mouillé, en s'accrochant légèrement sur le bord va exciter uniquement certains modes de vibration du verre, et donc produire un son. Le cristal est préférable du fait de l'absence de défauts dans la structure qui nuisent à l'existence de certains modes.

Question 17

Modes de vibration d'une plaque carrée et d'une guitare

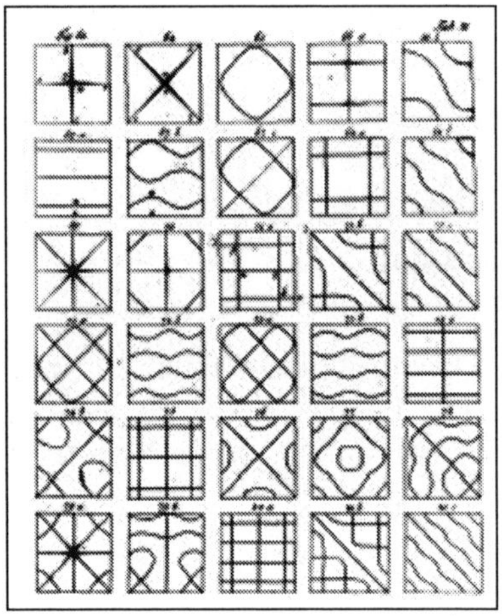

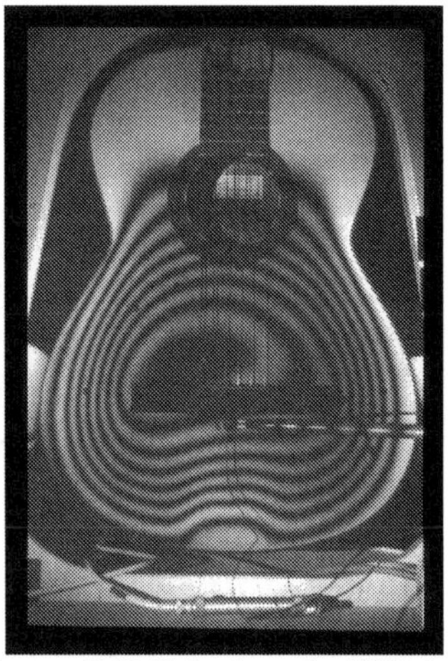

Source : Dr B. Richardson, Cardiff University.

Dans les figures de Chladni, les régions sombres correspondent aux points ne vibrant pas. De façon plus moderne, à l'aide d'un LASER on peut mettre en évidence les modes de vibration en utilisant des méthodes optiques.

⏭ Pour aller plus loin

La Terre en tant que solide possède des modes de vibrations qui sont excités lors d'importants tremblements de Terre. L'amplitude est de l'ordre du millimètre.

Modes de vibration sismiques sphéroïdaux

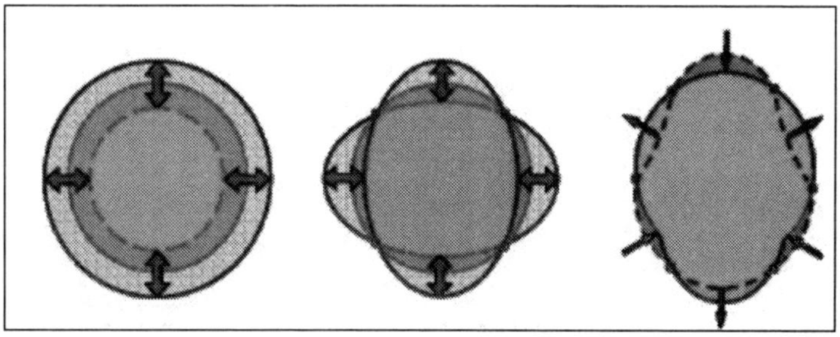

On distingue :
(a) Le mode ballon où la Terre voit son rayon augmenter de la même façon dans toutes les directions. La période est de 20,5 minutes.
(b) Le mode ballon de football américain (rugby) où la Terre voit son rayon augmenter différemment dans deux directions orthogonales. La période est de 53,9 minutes.
(c) Le mode plus complexe qui combine une contraction et une dilatation dans des directions différentes. La période est de 25,7 minutes.

Les modes de vibration d'une corde dépendent de la façon dont est exercée l'excitation. On distingue le cas d'une corde pincée (guitare) où l'on écarte la corde de sa position d'équilibre, de la corde frappée (piano).

La détermination théorique des modes met en évidence, dans le cas de la corde frappée (piano), une plus grande richesse en harmoniques, c'est-à-dire en multiples de la fréquence fondamentale.

Dans le cas d'une membrane circulaire, type tambour, on observe également de nombreux modes de vibration.

Exemples de deux modes de vibration possibles d'une membrane circulaire

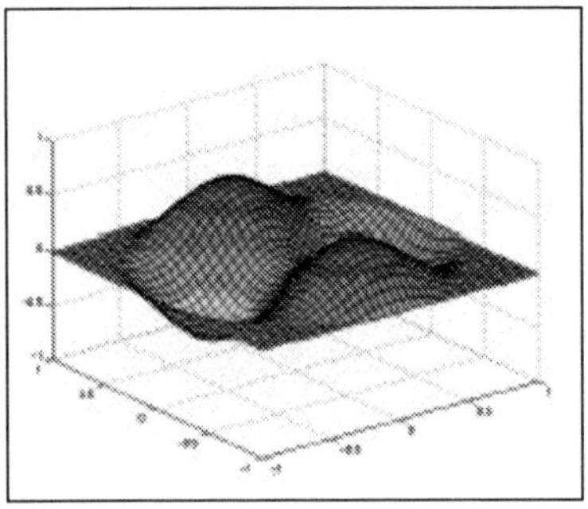

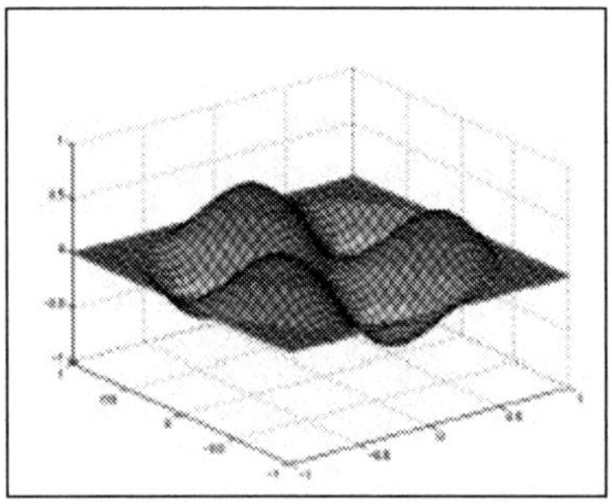

Une cavité possède également des fréquences de résonance qui lui sont propres. On utilise une cavité pour amplifier le son dans le cas d'instruments de musique. Par exemple, dans le cas d'un violon, l'excitation est provoquée par le mouvement de l'archet sur les cordes qui entrent alors en vibration. Le chevalet transmet la vibration à la caisse du violon qui joue le rôle de cavité résonante.

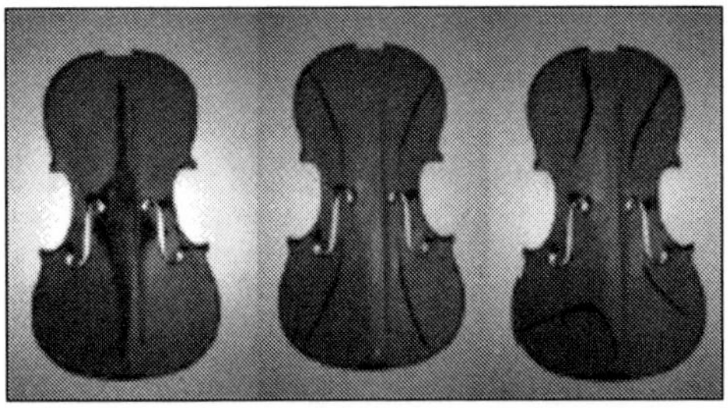

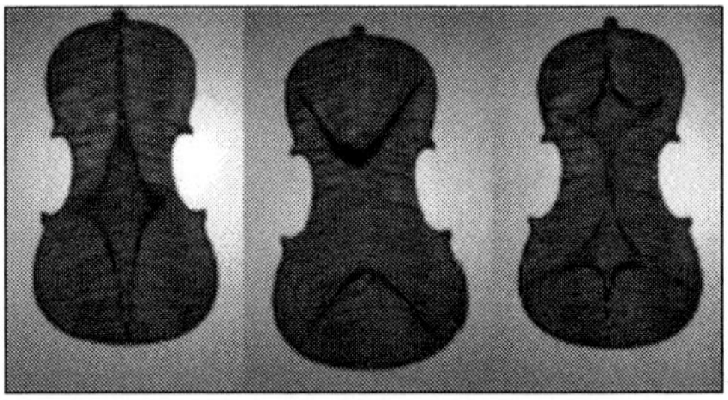

On retrouve les figures de Chladni. Le sable noir s'accumule sur les nœuds de vibration (immobilité de la table en ces points). Chladni remarqua initialement ce phénomène en observant que les débris des crins de cheval d'un archet avaient tendance à se déposer sur la table d'un violon en des endroits particuliers.

Si l'on entend un bruit s'apparentant à celui de la mer à l'aide d'un coquillage, cela est dû également aux modes de résonance de la cavité. Cette dernière est très prosaïquement excitée par couplage mécanique avec le milieu où elle se trouve (par exemple les mouvements de l'air).

Q.18 Qu'est-ce qui distingue fondamentalement un verre d'eau chaude d'un d'eau froide ?

Cette question revient à se demander ce qui est associé à la notion de température, un corps froid ayant une température plus basse qu'un corps chaud. La température est une mesure de l'agitation des constituants du corps considéré. Plus les molécules constituant le liquide s'agitent, plus la température du corps est élevée. On comprend alors que pour augmenter la température d'un corps il faille lui fournir de l'énergie afin d'augmenter l'agitation. En général cette opération est réalisée en fournissant de la chaleur, c'est-à-dire une forme désordonnée d'énergie. Par exemple, dans le cas de gaz, l'agitation d'un corps se communique à un autre par simple contact grâce aux nombreux chocs entre les constituants.

La fourniture de chaleur n'est pas le seul moyen pour élever la température d'un corps. On peut fournir de l'énergie sous forme de travail : par exemple en comprimant un gaz en exerçant une force sur un piston. L'énergie fournie par l'opérateur est cédée au gaz qui va alors s'échauffer si son volume total ne varie pas.

⏭ Pour aller plus loin

On conçoit que si l'on diminue l'agitation des constituants, à un moment on va atteindre un état d'agitation minimale. On a alors atteint le zéro absolu qui dans notre échelle de tous les jours se situe à –273,15°C. On utilise plutôt l'échelle Kelvin dans laquelle le zéro absolu correspond à 0 Kelvin. Il n'existe pas au sens habituel du terme de température négative exprimée en Kelvin puisque cela signifierait que l'agitation peut encore être abaissée en dessous de 0 K, ce qui est impossible par définition.

Les propriétés de la matière à des températures proches du zéro absolu sont étonnantes. L'hélium 4, qui est un gaz à la température ambiante, devient liquide lorsque l'on abaisse fortement sa température (4 K), et à 2,17 Kelvin ses propriétés sont tout à fait exceptionnelles. Il perd toute viscosité et devient le meilleur conducteur de la chaleur que l'on connaisse. Il est dans un état dit superfluide.

L'expérience suivante est instructive. Dans l'état superfluide, si l'on apporte de l'énergie (par exposition à un faisceau Laser), l'augmentation locale de température se traduit par une augmentation de la pression. L'hélium contenu dans une capsule poreuse (non visible) est alors expulsé. C'est l'effet fontaine mis en évidence par Allen et Jones.

Effet fontaine

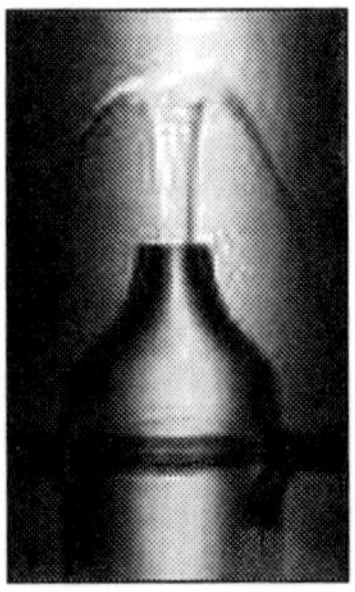

Image de l'expérience historique d'Allen et Jones de 1938. London l'interprétera par l'existence d'un état particulier de la matière : une condensation de Bose-Einstein dans laquelle les atomes d'hélium adoptent un comportement collectif.

L'absence de viscosité se traduit également par un phénomène d'autosiphonage. L'hélium contenu dans le vase s'écoule suivant le cas vers l'extérieur ou l'intérieur.

Question 18

Effet d'autosiphonage

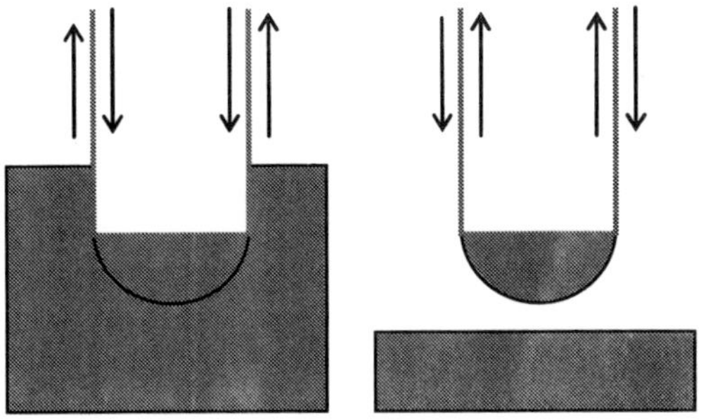

Les flèches traduisent le sens du mouvement du liquide suivant la position du vase dans le bain d'hélium. Cet effet est dû à la présence d'une fine pellicule d'hélium sur les parois. En l'absence de viscosité, le liquide est siphonné soit vers l'intérieur, soit vers l'extérieur sans aucune difficulté.

Dans le même ordre d'idée, la supraconductivité concerne des corps perdant toute résistance électrique lorsque leur température est suffisamment basse. Cet effet est intéressant dans le sens où un fil électrique supraconducteur ne chauffe pas, quelque soit le courant que l'on fait passer dedans. Ce n'est pas très pratique dans le cas d'un radiateur électrique, mais très utile lorsque l'on veut réaliser des électroaimants très puissants.

Historiquement le phénomène fut découvert en 1911 en constatant que du mercure porté à une température de l'ordre de 4 K perdait toute résistance électrique. En 1986 on découvrit la possibilité d'obtenir le phénomène à une température plus élevée, de l'ordre de la température de l'azote liquide, soit 77 K. À ce jour aucune explication satisfaisante n'a été apportée à ce phénomène.

Les corps supraconducteurs ont la propriété de pouvoir maintenir en lévitation un matériau magnétique. Il s'agit de l'effet Meissner.

Effet Meissner

Le matériau supraconducteur ne veut pas que le champ magnétique créé par l'aimant cylindrique pénètre à l'intérieur. L'aimant ne peut donc que se maintenir à une certaine distance. Il est en lévitation.

À l'opposé, le domaine des très hautes températures est l'objet de nombreuses recherches. Il est possible de produire de l'énergie par fusion contrôlée d'atomes de deutérium et de tritium (isotopes de l'hydrogène). Malheureusement, la faisabilité industrielle est très loin d'être acquise. De nombreux problèmes techniques subsistent. La principale difficulté consiste à pouvoir maintenir le mélange à des températures de plusieurs millions de degrés sans détériorer l'enceinte. Une méthode possible consiste à utiliser des réacteurs appelés Tokamak.

Intérieur d'un Tokamak

Dans un tokamak, le confinement se fait à l'aide d'un champ magnétique. La géométrie est celle d'un tore (comme un pneu). Un des problèmes à résoudre est la détérioration des parois sous l'effet du rayonnement produit par la réaction de fusion.

La fusion non contrôlée est réalisée dans le cas de la bombe atomique dite à hydrogène. La maîtrise de la fusion contrôlée pourrait résoudre beaucoup de problèmes liés à la fission nucléaire que l'on utilise actuellement. Le problème des déchets serait moins complexe et la matière première inépuisable.

Q.19 Quelle est l'énergie contenue dans un verre d'eau ?

La température du liquide étant *a priori* très éloignée du zéro absolu (–273,15°), on peut penser que le liquide, du fait de l'agitation thermique de ses constituants (les molécules sont en mouvement), constitue un réservoir d'énergie. Cependant, on démontre qu'il est impossible de récupérer de l'énergie, on parle dans ce cas de travail, à partir d'une telle source (par exemple pour faire avancer un piston). Il est indispensable de disposer de deux sources : une dite chaude (celle à la température la plus élevée), l'autre dite froide (celle à la température la plus basse). On montre que plus la différence entre les deux températures est grande, plus la capacité à récupérer du travail augmente. L'énergie récupérable dans ce cas est liée au mouvement des constituants dont l'agitation dépend de la température. Cette dernière peut en effet être considérée comme une mesure de l'agitation : plus la température augmente, plus l'agitation des constituants augmente.

Il existe cependant une énergie non accessible immédiatement. Depuis Newton, on sait que toute quantité de matière est caractérisée par sa masse qui représente alors la capacité d'un corps à être accéléré : plus la masse est élevée, plus il est difficile d'accélérer le corps pour un force appliquée donnée.

C'est à Einstein que l'on doit le fait d'avoir montré que la masse (indépendamment de tout mouvement) est en quelque sorte, une mesure de l'énergie d'un corps au repos. Il s'agit bien sur de la célébrissime formule qui relie la masse à l'énergie : $E = mc^2$. Elle exprime que toute quantité de matière peut être convertie en énergie. Inversement, Si l'on dispose d'énergie il est possible de la convertir en matière (donc de créer de la matière !). Notre verre d'eau étant constitué de matière, il peut à ce titre être considéré comme une réserve d'énergie. Reste à savoir comment réaliser techniquement cette conversion.

Pour fixer l'ordre de grandeur de l'énergie correspondant à 1 kg d'eau, on notera que cela représente 9.10^{16} Joules, soit la capacité de faire entrer en ébullition de l'ordre de 200 milliards de tonnes d'eau ! Ces chiffres sont impressionnants, mais dans la pratique, la conversion se fait sur un quantité de matière beaucoup plus faible (l'énergie récupérable reste cependant considérable).

⏭ Pour aller plus loin

Le fait que l'eau chaude constitue une réserve d'énergie est bien connu. Le principe de la géothermie consiste à récupérer de l'eau chaude et à s'arranger pour que cette source chaude cède son énergie à une source froide (l'air, si le but final est le chauffage d'une pièce). De façon plus subtile, si l'on dispose d'une source chaude et d'une source froide, il est possible de forcer le transfert d'énergie de la source froide vers la source chaude. Il s'agit du principe de la pompe à chaleur. Il faut pour cela dépenser de l'énergie, mais il se trouve que l'opération est intéressante car on récupère plus d'énergie que l'on en a dépensé.

L'utilisation de la formule d'Einstein est nettement plus complexe. Il faut pour cela casser des atomes. La masse totale récupérée est plus petite que la masse initiale. La différence notée Δm correspond à l'énergie ΔE que l'on peut espérer récupérer suivant la formule $\Delta E = \Delta mc^2$.

La méthode la plus simple pour casser des atomes, consiste à utiliser de l'Uranium 235 qui à la propriété de se briser en plusieurs morceaux sous l'action de neutrons. Il s'agit d'une réaction dite de fission. Elle produit des neutrons qui vont à leur tour casser d'autres atomes conduisant ainsi à une réaction en chaîne. Il faut donc contrôler cette dernière. C'est le cas dans une centrale nucléaire, mais pas dans le cas d'une bombe thermonucléaire.

Q.20 Pourquoi un glaçon fond-il dans un verre d'eau ?

Si le glaçon fond, c'est qu'il a reçu suffisamment d'énergie pour rompre sa structure. De façon spontanée, de l'énergie sous forme de chaleur va être transférée du corps chaud vers le corps froid. On peut tout à fait imaginer le mécanisme inverse, mais dans ce cas il faut utiliser un moyen technique particulier par exemple à l'aide d'un réfrigérateur. Il n'y a dans les deux cas aucune perte d'énergie mais simplement un transfert.

Si l'on apporte un supplément d'énergie à un corps, son énergie, dite énergie interne, va augmenter. Cela parait naturel et correspond à l'énoncé du premier principe de la thermodynamique. Il s'agit d'un principe correspondant à la conservation de l'énergie sous toutes ses formes.

Si l'on ne considère que le système glaçon-eau, l'évolution se fait de façon irréversible, et de manière à augmenter ce qu'on appelle l'entropie du système, jusqu'à ce que celle-ci soit maximale. Cela correspond à l'énoncé du second principe qui est un principe d'évolution.

La notion d'entropie est délicate mais on peut dire quelle décrit le degré de désordre d'un système. Un corps sous forme cristalline a une entropie plus faible que sa forme gazeuse, car un cristal est, par définition même, plus ordonné.

⏭ Pour aller plus loin

Un glaçon est constitué d'un assemblage de molécules d'eau (2 atomes d'hydrogène + atome d'oxygène). Du fait du caractère dissymétrique de la molécule d'eau qui a une forme coudée, l'atome d'oxygène d'une molécule forme avec l'atome d'hydrogène d'une autre molécule des liaisons. On nomme ces dernières, liaisons hydrogène. La rupture d'un certain nombre de ces liaisons conduit à la formation de l'eau liquide.

Dans le cas de la glace, l'arrangement est tétraédrique dans le sens ou chaque oxygène occupe un sommet ou le centre d'un tétraèdre (pyramide à base triangulaire). Les tétraèdres sont eux même liés entre eux par de liaisons hydrogène pour former la structure complexe de la glace.

Question 20

Motif tétraédrique de la glace

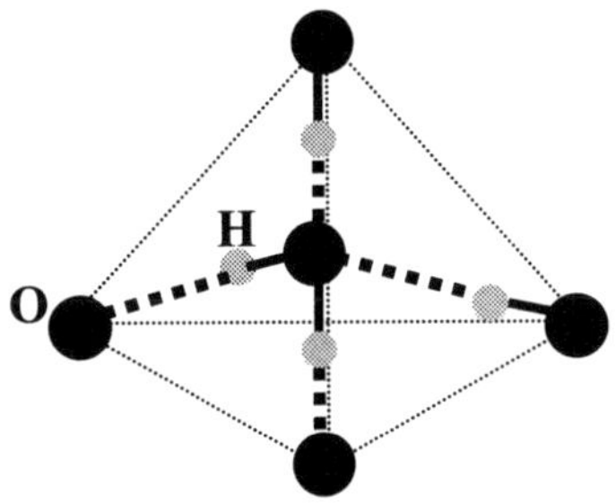

Le trait pointillé représente une liaison hydrogène entre un atome d'oxygène et un atome d'hydrogène. Le trait plein correspond à une liaison dite covalente qui assure l'existence de la molécule d'eau.

Le volume occupé par cet arrangement est plus grand que le volume d'eau équivalent. C'est la raison pour laquelle, à volume égal, l'eau sous forme solide est plus légère que sous forme liquide et donc qu'un glaçon flotte.

Dans des conditions particulières de très hautes pressions, la glace peut devenir plus dense que l'eau. En fonction de la température et de la pression on observe 11 variétés de glace possibles.

La variété VI, plus dense que l'eau liquide, s'obtient à température ambiante à condition d'imposer une pression 9 000 fois supérieure à la pression atmosphérique.

De façon plus surprenante, des simulations par ordinateur semblent montrer qu'à des pressions de l'ordre de 2 millions de fois la pression atmosphérique et à une température de l'ordre de 5 000 degrés, l'eau aurait une structure qui lui conférerait des propriétés électriques comparables à celles d'un métal. De l'eau métallique en quelque sorte !

Q.21 Pourquoi est-il plus facile de faire bouillir de l'eau contenue dans un verre au sommet du Mont Blanc que dans la vallée ?

L'ébullition est le passage de l'état liquide à l'état gazeux. Plus la pression qui règne à la surface du liquide est faible plus la température d'ébullition est basse. Inversement, si la pression à la surface augmente la température d'ébullition augmente également.

Dans les conditions normales de pression, la température d'ébullition de l'eau est de 100°C. Au sommet du Mont Blanc, la pression de l'air est faible et la température d'ébullition de l'eau est de l'ordre de 85°C.

Dans une cocotte minute, la pression est supérieure à la pression habituelle. L'eau va pouvoir exister à 110 ou 120°C à l'état liquide, alors qu'habituellement elle ne peut dépasser 100°C. Les aliments vont donc cuire plus rapidement.

⏭ Pour aller plus loin

Dans le cas d'une centrale nucléaire, il est nécessaire d'évacuer la chaleur produite dans le cœur du réacteur. On utilise dans ce but de l'eau pressurisée (environ 150 fois la pression atmosphérique). Dans ces conditions l'eau peut rester liquide jusqu'à des températures dépassant 300°C. En se réchauffant, l'eau peut ainsi emporter plus d'énergie.

Dans une atmosphère contenant de la vapeur d'eau, une brutale augmentation de la pression peut provoquer un phénomène de condensation et donc le retour à l'état liquide.

Question 21

Passage du mur du son

Lors du passage du mur du son, l'onde de choc produite provoque une brutale augmentation de pression. La vapeur d'eau présente dans l'air se condense et matérialise un cône. L'angle au sommet du cône formé est caractéristique de la vitesse de l'avion.

La condensation de la vapeur d'eau s'obtient également lorsque la température diminue. Les microgouttelettes initiales se regroupent pour former de plus grosses gouttes qui elles-mêmes suivent le même processus. Il s'agit du phénomène de coalescence que l'on observe sur une vitre froide avec la formation de buée. Nous verrons par la suite pourquoi seulement 55 % d'une surface plane peut se recouvrir de buée.

Q.22 Pourquoi si l'on réalise dans un verre le mélange 1/3 de sel pour 2/3 de glace, la température chute-t-elle à –15°C ?

Cette méthode est employée pour réaliser rapidement un mélange réfrigérant. La température diminue car la glace va prendre au mélange la chaleur nécessaire pour la faire fondre, c'est-à-dire pour casser une partie des liaisons entre les molécules qui la constituent. Le mélange perd de la chaleur donc il se refroidit. En d'autres termes, c'est parce que la glace fond que la température diminue. Alors, pourquoi sale-t-on les routes l'hiver ?

Quand on mélange du sel et de l'eau, on abaisse à environ –10°C la température pour laquelle le mélange devient solide. Si la température de l'air est par exemple de –2°C l'eau salée va rester liquide et va donc faire fondre la glace. Dans ce cas, la chaleur est prise à l'air et non au mélange. La glace fond mais ne prend pas de chaleur au mélange.

La glace a également la propriété de fondre quand on augmente la pression. C'est le cas avec des patins à glace sous lesquels, à cause du poids du patineur qui exerce une forte pression, se forme une fine pellicule d'eau qui permet de glisser plus facilement.

⏭ Pour aller plus loin

On utilise toujours des glaçons constitués d'eau. Si l'on souhaitait réaliser des glaçons d'alcool, par exemple de l'éthanol, il faudrait se placer à une température de –115°C. Au-dessus de cette température, l'éthanol est liquide.

Si l'on place dans le congélateur de l'eau très pure, il peut y avoir un retard à la cristallisation. Il s'agit du phénomène de surfusion. La moindre perturbation provoque la cristallisation immédiate de l'ensemble.

Durant l'hiver 42, un millier de chevaux voulant fuir un incendie se trouvèrent pris par la glace. L'eau du lac Ladoga en Russie, qui était en surfusion se transforma brutalement en glace conduisant à la mort les malheureux équidés.

Q.23 On vide un verre d'eau dans l'océan. Le brassage étant supposé parfait, on recueille ensuite un verre de l'océan. Combien de molécules numérotées contiendra-t-il ?

La réponse est *a priori* étonnante puisque le verre contiendra de l'ordre de 500 molécules numérotées alors que l'on attend un nombre quasiment nul.

Ce résultat met en évidence que toute quantité de matière (de l'ordre de quelques grammes) contient un très grand nombre de molécules. Ce chiffre est plus grand que le nombre de verres nécessaires pour remplir les océans !

⏭ Pour aller plus loin

Pour caractériser une quantité de matière on définit le nombre d'Avogadro qui est de l'ordre de 6 suivi de 23 zéros. Il correspond à ce qu'on appelle une mole de matière.

Une mole d'atomes correspond donc à 6 suivi de 23 zéros atomes !

On nomma nombre d'Avogadro ce nombre en hommage à Avogadro (1776-1856) qui fit l'hypothèse que des volumes égaux de gaz différents, pris dans les mêmes conditions, contenaient le même nombre de molécules. On doit à Einstein, dans son travail sur le mouvement Brownien, d'avoir établi des méthodes qui en ont permis la détermination.

Le nombre de molécules contenues dans un verre d'eau est égal à environ 10 fois le nombre d'Avogadro.

On notera qu'une préparation homéopathique supérieure à 12 CH, revient à diviser par 1 suivi de 24 zéro la concentration en produit actif présent au départ. Compte tenu du nombre de molécules présentes initialement, et qui est de l'ordre du nombre d'Avogadro, la division conduit à un nombre de molécules présentes dans l'état final inférieur à 1 !

Q.24 Pourquoi est-il plus facile de dissoudre du sel dans un verre d'eau que dans un verre d'alcool ?

Le sel de cuisine est constitué d'un arrangement régulier d'ions sodium Na^+ et chlorure Cl^- qui sont des atomes ayant respectivement perdu et gagné un électron. L'ensemble forme un cristal ionique.

Cristal de chlorure de sodium

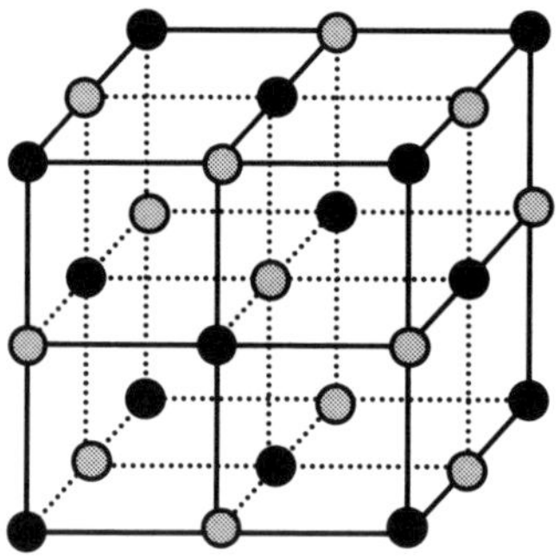

Dans un cristal de chlorure de sodium, chaque ion sodium est entouré de 6 ions chlorure et inversement. La liaison entre les ions qui assure la cohésion du cristal est due aux forces électrostatiques présentes entre particules chargées électriquement. Ces forces sont de nature attractive ou répulsive.

La force attractive entre deux ions de charge opposée dépend d'une caractéristique du milieu considéré, la permittivité. Cette dernière est environ 3 fois plus faible dans le cas de l'alcool que dans le cas de l'eau. En conséquence, la force attractive est trois fois plus forte dans l'alcool que dans l'eau. La dissolution du sel dans l'alcool est donc beaucoup plus difficile.

Les liaisons attractives étant plus faibles dans l'eau, l'augmentation de l'agitation thermique due à un chauffage favorise la rupture de ces liaisons. La dissolution dans l'eau est donc facilitée par un accroissement de la température.

L'effet électrostatique est fondamental car si l'on souhaite rompre la structure ionique du sel par chauffage il faudra élever la température du sel aux alentours de 800°C, alors que de l'eau à température ambiante, sera suffisante.

⏭ Pour aller plus loin

Le vide est également caractérisé par sa permittivité dite diélectrique qui est environ 80 fois plus grande que celle de l'eau. Tous les phénomènes électrostatiques (ceux qui font intervenir des interactions entre particules chargées) dépendent de cette permittivité. La vitesse de propagation de la lumière dans un matériau en dépend. Plus la permittivité est importante plus la vitesse de la lumière dans le matériau est faible.

On sait désormais réaliser des milieux ayant la propriété de ralentir la lumière jusqu'à des vitesses de quelques mètres par seconde, soit 100 millions de fois plus faible que dans le vide !

Le sodium en tant que métal et non comme ion, est délicat à manipuler. Il réagit très violemment avec l'eau. Associé à l'azote, il forme de l'azide de sodium de formule NaN_3. La réaction de décomposition produit rapidement de l'azote. On l'utilise afin de gonfler l'airbag d'une voiture.

Principe d'un airbag

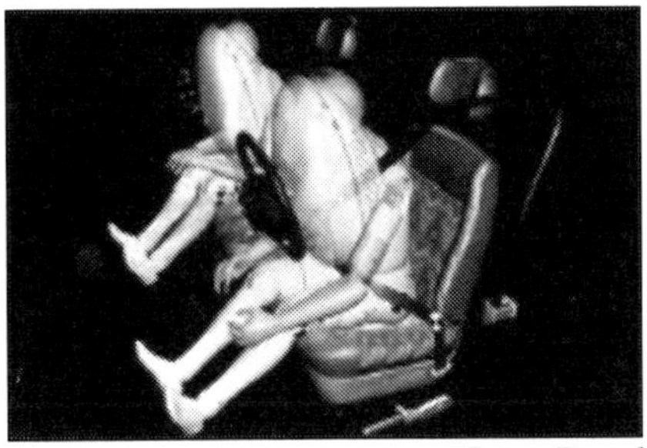

Source Renault.

Le principe de l'airbag a été breveté en 1953. Les premiers développements, industriels datent de 1981 et sont dus au constructeur Mercedes.

La question est donc de savoir ce qui fait que les molécules d'eau sont stables. La raison pour laquelle les molécules d'eau se lient en elles sera examinée ultérieurement.

L'eau est constituée d'un atome d'oxygène et de deux atomes d'hydrogène. Un atome est constitué d'un noyau (formé de protons et de neutrons) autour duquel se trouvent un ou plusieurs électrons. Ces derniers sont des particules chargées négativement (le proton est positif et le neutron n'a pas de charge électrique). La notion de particules doit cependant être manipulée avec précaution car il est impossible de définir la taille d'un électron. On sait simplement que si l'électron a une étendue spatiale, elle ne dépasse pas 10^{-16} m.

Une des grandes révolutions (avec la Relativité d'Einstein) de la physique du début du 20e siècle a consisté remettre en cause le concept de particule matérielle au sens habituel. Il est désormais admis que les électrons ne se comportent pas comme des particules ayant une trajectoire bien définie autour du noyau. La théorie appelée mécanique quantique associe notamment à l'électron la notion de probabilité de présence. Cela signifie que l'électron n'a pas de positon dans l'espace précise. On peut simplement définir une probabilité qu'il se trouve dans une région précise. Il s'agit d'une conception révolutionnaire qui heurte le sens commun puisque la notion même de trajectoire perd sa signification au niveau atomique. Le caractère extraordinairement prédictif de la mécanique quantique a conduit l'ensemble de la communauté scientifique à admettre ces concepts nouveaux, même s'ils heurtent toujours notre bon sens. J.-M. Levy-Leblond a même suggéré d'abandonner le terme de mécanique et de parler simplement de quantique, tant cette théorie est éloignée des concepts de mécanique classique.

Pour en revenir à notre problème, les électrons ont une probabilité non nulle de se trouver autour du noyau. Ils forment ce qu'on appelle un nuage électronique dont la géométrie va du plus simple (la sphère) des formes complexes. Ces formes élémentaires sont appelées orbitales. La structure d'un nuage électronique peut être un mélange de ces différentes orbitales.

Exemples d'orbitales décrivant un nuage électronique

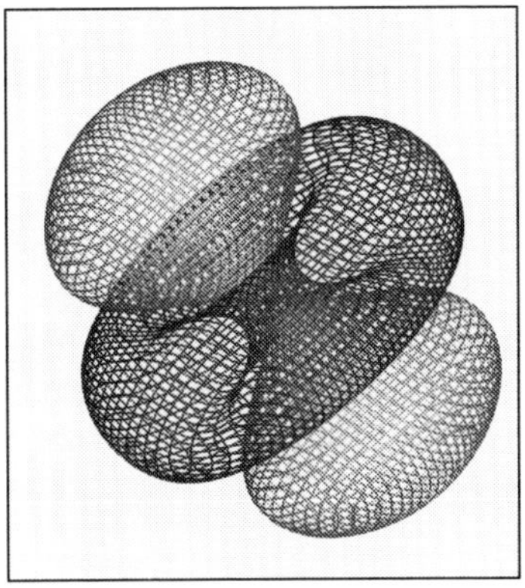

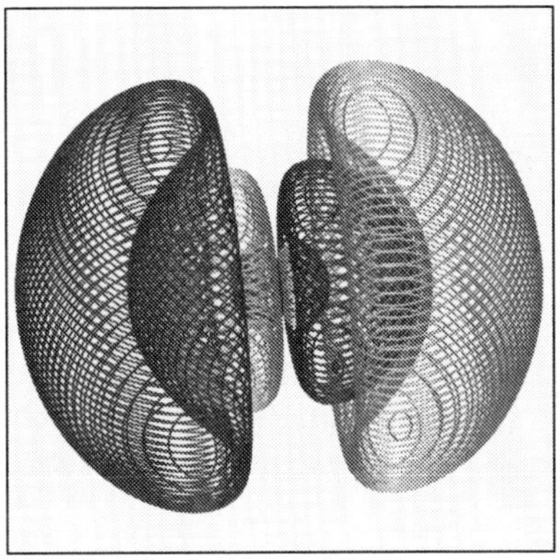

Il existe une très grande variété d'orbitales possibles. Les propriétés d'un atome ou d'une molécule sont liées à la forme du nuage électronique.

Il n'existe pas de représentation unique du nuage électronique. En effet, les électrons peuvent être n'importe où mais avec une probabilité faible ou importante. Pour se fixer les idées, on peut donc chercher les régions qui contiennent le même nombre d'électrons par unité de volume afin d'avoir une image partielle du nuage électronique. On parle alors de surface d'isodensité.

Surfaces d'isodensité de la molécule d'eau

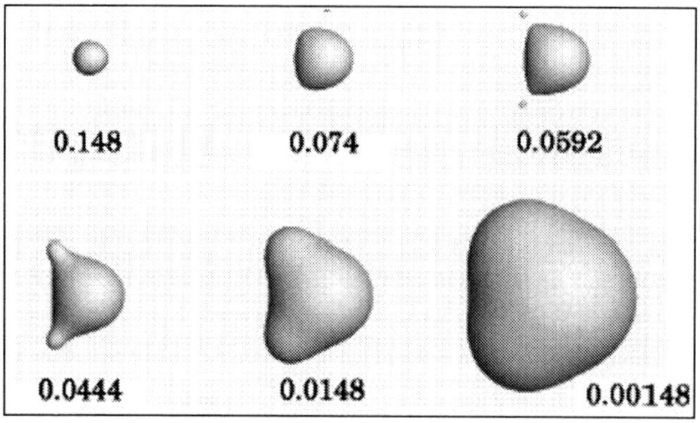

Le chiffre indique le nombre d'électrons par unité de volume. On constate qu'il y a majoritairement des électrons autour de l'oxygène (0,148), mais aussi autour des deux atomes d'hydrogène (0,0444) où l'on voit apparaître plus nettement les deux lobes donnant à la molécule sa forme coudée. La molécule d'eau est donc décrite approximativement par la visualisation simultanée de ces six figures.

Les propriétés chimiques des atomes sont liées à celles du nuage électronique. Concrètement, un atome d'hydrogène a tendance à vouloir un électron supplémentaire dans son nuage électronique. De même, l'oxygène a tendance à en vouloir deux. Si l'hydrogène forme une liaison avec l'oxygène, il va pouvoir profiter de la présence des électrons de l'oxygène pour satisfaire son besoin d'électron supplémentaire. De même pour l'atome d'oxygène qui va profiter de la présence des deux électrons des atomes d'hydrogène. Il va donc y avoir formation de deux liaisons par mises en commun d'électrons ce qui va satisfaire les besoins des trois atomes ! La molécule va pouvoir exister. Les liaisons formées par mise en commun d'électrons sont appelées liaisons covalentes.

⏭ Pour aller plus loin

La présence d'eau est due avant tout à l'existence de l'hydrogène. L'abondance de ce dernier dans l'Univers a conduit les scientifiques à envisager une communication possible avec d'éventuels êtres extraterrestres en proposant un message indiquant où nous nous trouvons et quand nous avons existé.

Le repérage dans l'espace et dans le temps est un problème complexe. Comment une civilisation extraterrestre pourrait-elle déterminer notre position et savoir quand et où nous existions lors de l'envoi du message ?

La question est moins farfelue qu'il n'y parait puisque des plaques gravées ont été fixées sur les sondes Pioneer 10 et 11 envoyées par la NASA aux confins de l'Univers.

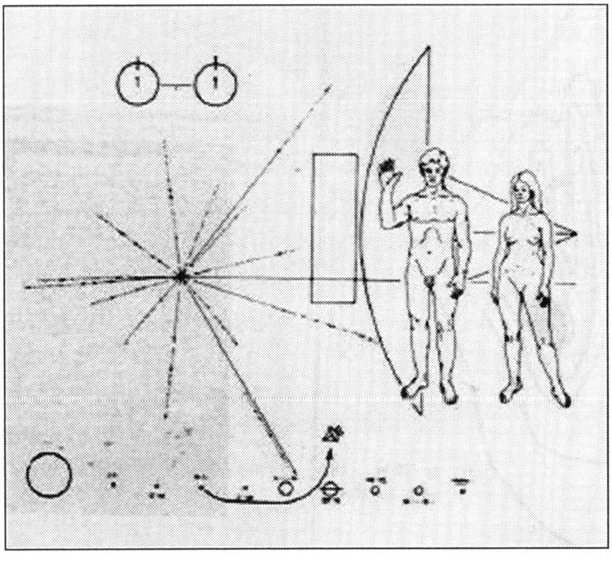

La figure reproduit le message en principe compréhensible par une civilisation extraterrestre évoluée qui fut fixé sur la sonde Pioneer 10.

L'idée principale consiste à affirmer que l'hydrogène est présent partout dans l'Univers. Or il existe ce qu'on appelle une transition hyperfine entre deux niveaux de l'atome. Concrètement, il peut y avoir émission de photons due à la présence d'hydrogène. Ce rayonnement (cette lumière) est caractérisé par sa longueur d'onde qui est de 21 cm. Sur la plaque sont donc gravés deux traits distants de 21 cm. Une civilisation extraterrestre évoluée est supposée connaître cette transition caractéristique de l'hydrogène, elle peut donc en mesurant cette distance déterminer la relation avec son propre système d'unité de longueur.

Mais à un photon on associe également une fréquence (qui est donc supposée connue par cette civilisation dans son propre système d'unité). Cette fréquence peut être associée à l'inverse d'un temps (par exemple : à une fréquence de 10 Hertz, qui décrit un phénomène se produisant 10 fois par seconde, peut être associée la période qui est d'un dixième de seconde). La correspondance avec l'unité de temps est ainsi faite.

Reste à nous repérer dans l'espace. Cela est réalisé par les traits en pointillés partant d'un point unique (la position de la Terre) et qui indiquent la direction des principaux pulsars connus. L'espacement des pointillés permet la détermination du rythme d'émission des pulsars qui se comportent comme des sortes de phares, puisque la lumière qu'ils émettent se propage à une vitesse connue, et à un rythme très précis. Il est donc possible en principe de déterminer notre position par rapport à ces pulsars. Cette position évoluant dans le temps, la configuration gravée correspond donc à une date précise. Le repérage dans l'espace et dans le temps est ainsi réalisé. Les dessins dans la partie inférieure décrivent notre position dans le système solaire.

Q.26 Pourquoi un mince filet d'eau est-il attiré par un corps électrisé ?

Il suffit d'approcher une règle, préalablement électrisée par frottement pour observer une déviation très nette du filet d'eau.

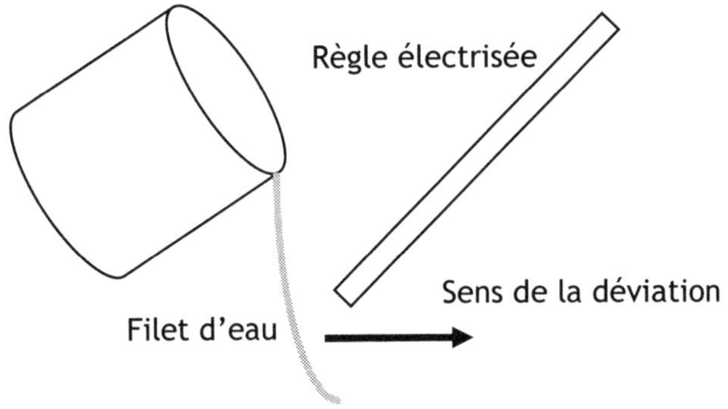

Un filet d'eau est toujours attiré par un corps électrisé par frottement.

Cette expérience s'interprète à partir d'une caractéristique importante de l'eau : son moment dipolaire. En effet, d'un point de vue électrique, la dissymétrie de la molécule d'eau implique que le centre des charges positives n'est pas confondu avec celui des charges négatives. On dit alors que la molécule possède un moment dipolaire car elle se comporte comme un ensemble de deux charges électrique non confondues. Les trois atomes ne sont pas alignés. La molécule d'eau est donc coudée et l'angle entre les deux liaisons OH vaut 104°31', la distance OH étant de $0{,}957.10^{10}$ m.

Question 26

Vision schématique d'une molécule d'eau

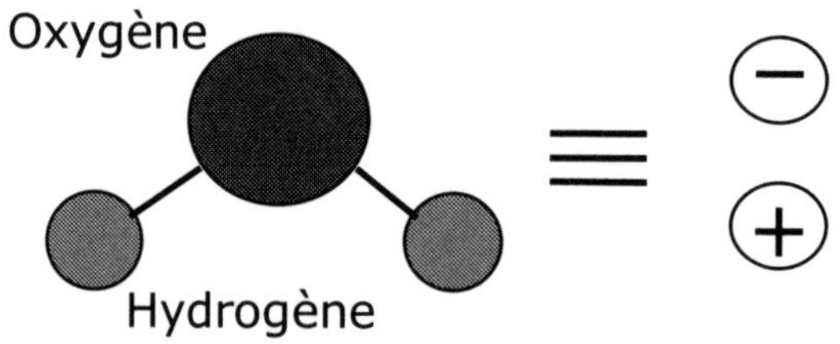

Globalement, la molécule d'eau se comporte comme un dipôle électrique, c'est-à-dire un ensemble de 2 charges électriques séparées et de signes opposés. Cela donne à l'eau ses propriétés exceptionnelles de solvant.

Lorsqu'un ion est en solution, les molécules d'eau l'entourent en présentant, suivant la charge de l'ion, leur partie positive ou négative. On observe alors un effet d'écrantage de l'ion (il perçoit moins son environnement) et une diminution de la mobilité des ions que l'on dit alors solvatés.

La valeur élevée de la constante diélectrique de l'eau lui permet de dissoudre tous les sels. C'est la raison pour laquelle si l'on verse quelques cristaux de chlorure de sodium dans un verre d'eau, il y a immédiatement dissolution et formation d'un électrolyte, constitué d'ions NA^+ et Cl^-.

La réponse à la question posée sur la déviation d'un filet d'eau est maintenant simple. L'électrisation de la règle va créer un champ électrique à proximité de l'eau, c'est-à-dire une capacité à déplacer des charges électriques. Cette électrisation ayant une répartition non uniforme, le champ électrique résultant est également non uniforme. En conséquence, la résultante des forces à agir sur le dipôle n'est pas nulle, puisque la partie positive subit une force différente de la partie négative. Cela explique l'effet de déviation exercé sur le filet d'eau.

⏭ Pour aller plus loin

L'électrisation d'un corps consiste à lui ajouter ou lui enlever des électrons. Si l'on frotte du verre avec de la laine, on lui arrache des électrons. La charge totale présente en surface est donc positive. Dans le cas de PVC, la charge totale est négative.

Le déclenchement d'orages est dû à la présence de cumulo-nimbus qui sont de grands nuages de plusieurs kilomètres de hauteur. Schématiquement, les vents très violents qui remontent dans le nuage provoquent des collisions entre les cristaux de glace et de l'eau surfondue. Le frottement entre ces particules entraîne l'électrisation du nuage. Les gouttes d'eau qui sont plus lourdes et chargées négativement se retrouvent en bas du nuage. Les cristaux de glace plus légers, s'électrisent positivement et sont en haut du nuage.

La présence du nuage électrise par influence le sol. Il y a production d'éclairs en deux régions aux électrisations différentes. Les éclairs entre nuages sont plus nombreux que ceux avec le sol.

Q.27 Un glaçon flotte dans l'eau. Pourquoi a-t-il donc une masse volumique plus faible que l'eau liquide ?

Une propriété tout à fait propre de l'eau, est d'avoir à l'état solide une masse volumique plus faible qu'à l'état liquide. Il s'agit d'un phénomène d'origine électrostatique.

Ce comportement est dû au caractère fortement dipolaire de la molécule H_2O. Une partie positive de la molécule interagit avec la partie négative d'une autre molécule. En l'occurrence, c'est l'atome d'hydrogène qui se comporte comme une charge positive, du fait de la forte électronégativité de l'oxygène.

Il y a formation d'une liaison que l'on nomme liaison hydrogène. Elle est représentée par le trait pointillé sur le schéma, et est essentiellement de nature électrostatique. Elle se forme lorsque les trois atomes impliqués sont alignés. On estime que sa durée de vie est de l'ordre de 10^{-12} s.

Liaison hydrogène entre deux molécules d'eau

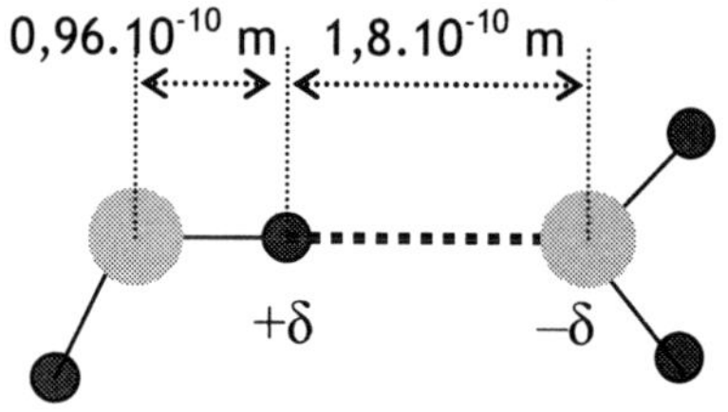

L'atome d'oxygène a tendance à attirer l'électron de l'hydrogène vers lui. La molécule se comporte comme un ensemble constitué d'une charge positive δ^+ et d'une charge négative δ^-, l'ensemble restant neutre électriquement. La liaison hydrogène, représentée en pointillés, s'établit du fait de l'interaction électrostatique attractive qui existe entre deux charges de signes opposés.

Une molécule est liée à quatre molécules voisines tant à l'état liquide, qu'à l'état solide. La liaison hydrogène est plus longue que la liaison covalente OH.

Les implications sur l'organisation des molécules dans l'eau sont importantes, à tel point que l'on ignore encore quelle est l'organisation exacte des molécules dans l'eau liquide. Aucun modèle jusqu'à présent n'est totalement satisfaisant. Une hypothèse plausible consiste à admettre que les molécules forment des clusters (des paquets) parmi des molécules isolées.

Pour répondre à la question posée, à l'état solide, les liaisons hydrogènes forment des liens rigides et rectilignes. À l'état liquide, les liaisons entre les trois atomes sont coudées, l'alignement n'est pas parfait. Le volume occupé, pour une masse donnée d'eau liquide, est donc plus petit. En conséquence, la masse volumique du liquide est supérieure à celle du solide. Inversement, la masse volumique de la glace est donc inférieure à celle de l'eau liquide.

⏭ Pour aller plus loin

Les propriétés de cohésion de l'eau sont tout à fait exceptionnelles. En effet, si l'on tente de fractionner une colonne d'eau, on constate que cela revient à appliquer une force par unité de surface, très importante. Fondamentalement, ce sont des forces de nature électrostatique qui sont à l'origine de cette propriété. Pour en estimer l'ordre de grandeur, on considère que la coupure de la colonne, en deux parties, conduit à la formation de deux surfaces. Cette opération nécessite une énergie qui, si elle est fournie par un opérateur, va servir à « étirer » vers le haut la colonne d'eau jusqu'à la rupture.

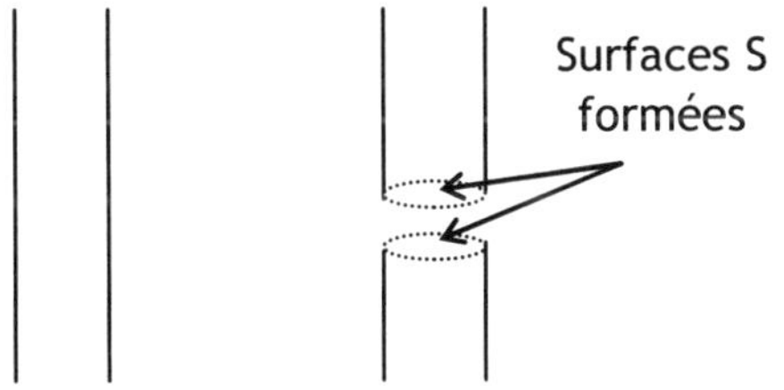

La rupture d'une colonne d'eau s'accompagne de la création de deux interfaces. C'est donc la tension superficielle qui intervient dans cette opération.

La pression « négative », qu'il faut exercer pour rompre la cohésion de l'eau, est considérable. Elle correspond à plusieurs centaines de fois la pression atmosphérique.

Le phénomène de montée de la sève a pour origine, en grande partie, un phénomène d'aspiration au niveau des feuilles dû à l'évaporation. En effet, la pression atmosphérique, les phénomènes de capillarité ou la pression osmotique due aux différence de concentration, expliquent la présence de sève en haut des arbres dont la taille ne dépasse pas quelques dizaines de mètres.

Pour que la sève puisse remonter dans les très fins canaux, il faut une grande cohésion de l'eau qui est son principal constituant. La moindre discontinuité provoquerait une rupture de la montée de sève.

Q.28 Comment s'étale une goutte d'encre tombant dans un verre d'eau ?

Supposons que l'eau ne soit pas le siège de mouvements de convection, c'est-à-dire d'un déplacement de matière sous l'effet, par exemple, d'un chauffage.

En l'absence de ce phénomène, les molécules constituant le colorant vont se déplacer dans l'eau. Le résultat final consiste en une diffusion de l'encre dans le milieu. Une viscosité importante rend sa progression plus difficile (l'encre diffuse difficilement dans l'huile), et une augmentation de température est par contre un facteur qui favorise cette diffusion.

L'existence de différences de concentration dans le milieu peut expliquer le déplacement de l'encre. Le mouvement de matière (on parle de phénomène de transport) s'effectue afin de rétablir l'égalité de la concentration en tout point. Le mouvement se fait depuis la zone de concentration élevée vers la zone de concentration plus faible. Il s'agit en fait d'un retour vers l'équilibre initial.

On montre alors que la valeur moyenne du carré de la distance parcourue par une particule est proportionnelle au temps.

Concrètement, si au bout d'une seconde le rayon de la tache est 1 en unités arbitraires, il est de 2 après 4 secondes, 3 après 9 secondes, 4 après 16 secondes, etc.

De la même façon, on retrouve un phénomène de transport dans le cas d'une solution salée, le mélange finissant par être homogène. Dans le cas de particules plus massives, on observe une sédimentation résultant d'un équilibre entre la gravitation (force vers le bas) et la poussée d'Archimède (force vers le haut). Les particules tombent alors dans le liquide à vitesse constante du fait que la somme des forces appliquées est nulle.

⏭ Pour aller plus loin

Le mouvement des molécules constituant l'encre peut être considéré comme une marche au hasard dans laquelle tous les changements de direction sont possibles. Historiquement, le botaniste Robert Brown observa au microscope, en 1828, le mouvement erratique de grains de pollen. On sait désormais que ce mouvement a pour origine les nombreux chocs dus à l'agitation thermique des molécules environnantes.

Einstein déterminera en 1905, à l'occasion de son travail de thèse, l'expression du coefficient de diffusion qui caractérise la capacité d'un soluté à diffuser dans un solvant. Expérimentalement, Jean Perrin confirmera les résultats d'Einstein en 1908 et donnera une estimation du nombre d'Avogadro qui permet de caractériser la quantité d'atomes présents dans un échantillon de matière. De fait, il valide ainsi l'hypothèse de l'existence des atomes.

La notion de marche au hasard est une avancée conceptuelle fondamentale. La dynamique d'un système évoluant à l'aide d'une succession de pas aléatoires introduit la notion de processus de Markov. À chaque instant, l'état futur du système considéré dépend de son état présent et non de son état passé. On entre alors dans le vaste domaine de la théorie des probabilités. Le mouvement brownien est désormais interprété en termes liés aux mathématiques des courbes fractales dont nous reparlerons à la question 31. Cela prouve, s'il en était besoin, combien les mathématiques et la physique sont étroitement liées lors de l'émergence de nouveaux concepts.

Q.29 À quoi sont dues les gouttelettes qui se forment sous un verre mouillé ?

Chacun peut observer les gouttelettes qui se forment lorsque l'on soulève un verre posé sur une surface mouillée. On observe le même phénomène sur le plafond d'une salle de bain après avoir pris une douche, ou sur une vitre dans un frigo qui dégivre.

Ces gouttelettes qui s'organisent de façon très régulière résultent de la compétition entre deux forces aux effets opposés.

D'une part la gravitation tend à faire tomber le liquide (il ne se forme pas de gouttes si le liquide est au-dessus), d'autre part les forces de tension superficielle agissent afin de minimiser la surface du liquide. Il en résulte une instabilité fondamentale du système. En fait, le système évolue vers la taille de l'instabilité qui croît le plus vite, ce qui explique l'espacement régulier observé.

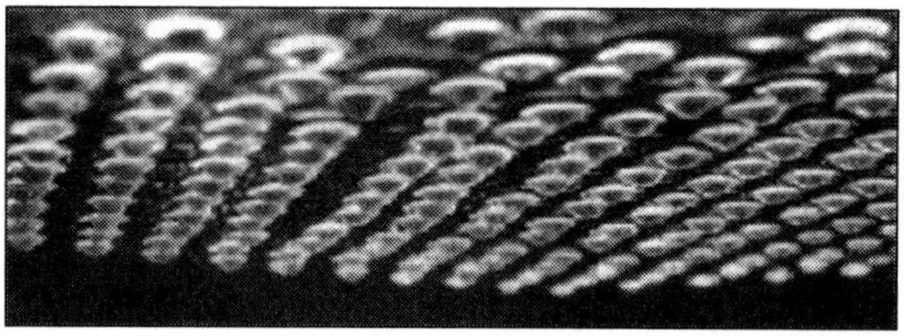

Des gouttelettes soumises à la gravité ainsi qu'aux forces dues à la tension superficielle sélectionnent une instabilité. L'espacement est ainsi très régulier.

Le même phénomène s'observe lors de l'écoulement d'huile.

Photo : ESPCI.

L'espacement régulier des filets d'huile résulte de la sélection d'une instabilité.

⏭ Pour aller plus loin

Un filet d'eau finit toujours par se transformer en une série de gouttelettes de taille identique. En effet, le cylindre d'eau initial a tendance à vouloir minimiser sa surface comme toute interface, sous l'effet de la tension superficielle. Le système cherche en fait à minimiser son énergie. Or il se trouve que la surface totale des gouttes que l'on peut former avec un cylindre d'eau est inférieure à la surface du cylindre dès que le rayon de la goutte est supérieur à une fois et demi le rayon du cylindre.

Le jet d'eau a donc tendance à évoluer vers l'état de gouttelettes. On retrouve la notion d'instabilité de Rayleigh. Le système va sélectionner l'instabilité (la taille de la goutte) qui croît le plus rapidement.

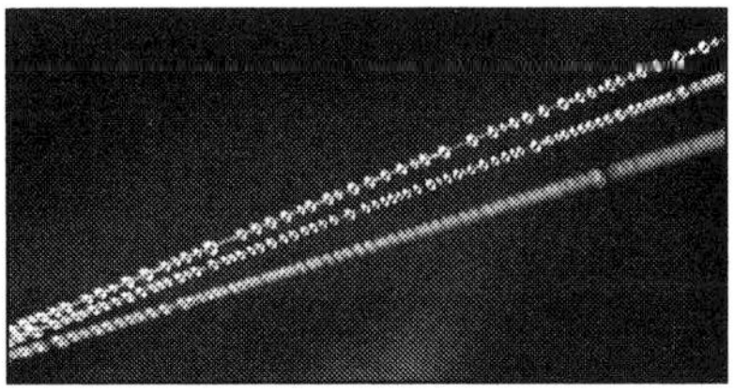

Sur un fil très fin, il y a également sélection d'une instabilité, ce qui conduit à la taille régulière des gouttes observées.

D'autres formes d'instabilités peuvent se développer lors du chauffage d'un fluide.

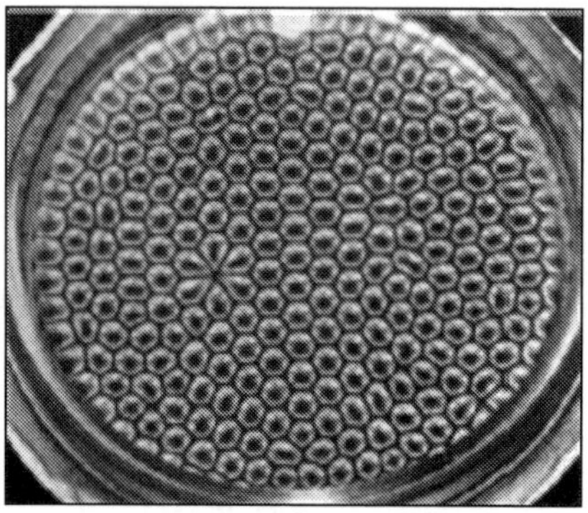

Source : E. Koschmieder.

Lorsqu'une couche de fluide est chauffée par le dessous, on peut observer la formation de cellules hexagonales (visualisées ici à l'aide de petites particules métalliques). Il s'agit de l'instabilité de Rayleigh-Bénard.

Avec un bon éclairage et parallèle à la surface, il est parfois possible de visualiser ces cellules hexagonales dans une tasse de café chaud !

Q.30 Que se passe-t-il si l'on remplit un verre goutte à goutte ?

La première goutte à tomber va bien sûr rencontrer la surface du verre. La façon dont va évoluer la goutte est liée à la nature du support. Il est possible de distinguer 6 types d'événements en fonction des conditions expérimentales dans le cas d'un éclatement sur un support solide :

Question 30

Déposition

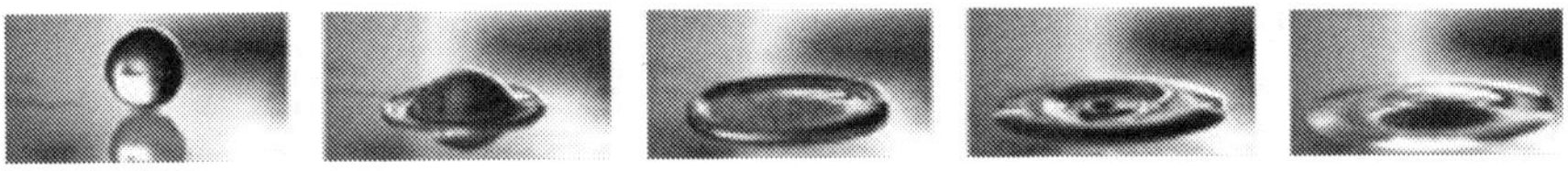

Eclaboussure initiale

Eclaboussure en couronne

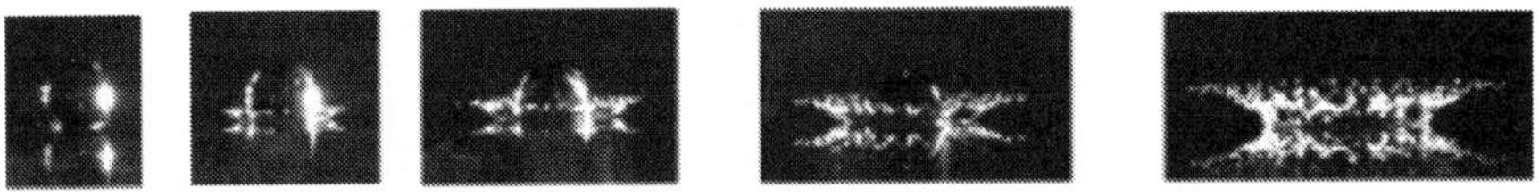

Cassure par rétractation

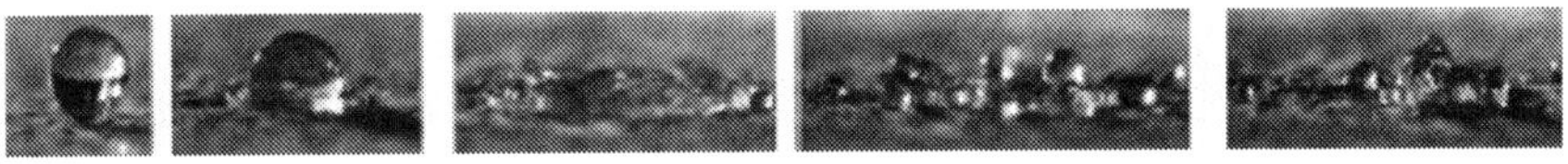

Rebond partiel

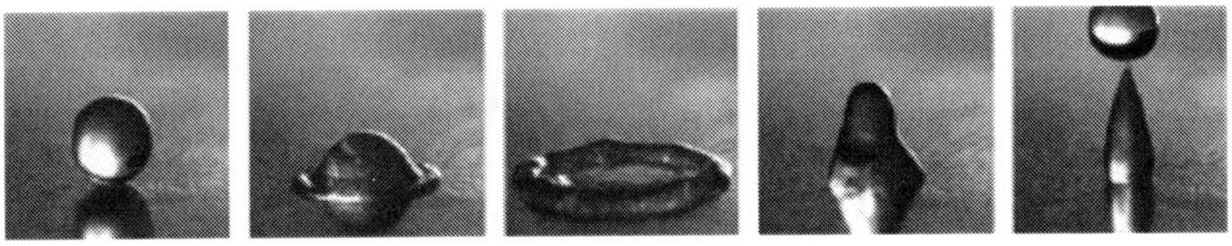

Rebond

Source : Thèse R. Rioboo. Paris VI.

La tension superficielle, la viscosité ainsi que la vitesse d'impact sont des paramètres essentiels gouvernant l'éclatement. La rugosité et le caractère non mouillant du support sont également à prendre en compte.

Le verre se remplissant, les gouttes vont tomber dans un liquide. On observe alors des formes étonnantes qui résultent à nouveau du développement d'instabilités déjà rencontrées dans la question précédente.

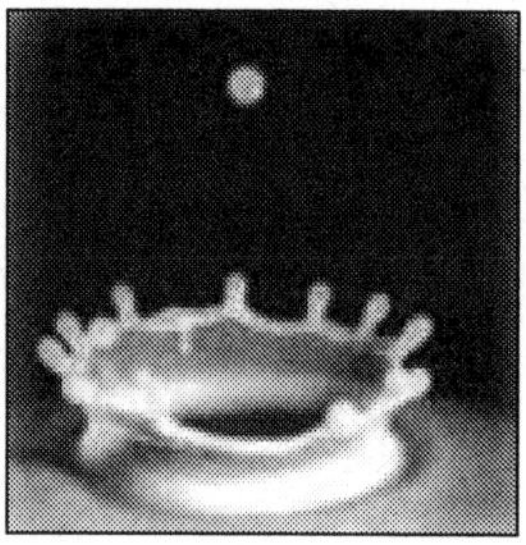

Les formes en couronnes observées lorsqu'une goutte tombe dans un liquide sont dues au développement d'instabilités.

⏭ Pour aller plus loin

Le cas d'une goutte de crème tombant dans un verre d'eau chaude est assez esthétique et relève d'un autre type de phénomène. Les formes observées dans le sillage de la goutte sont dues au développement de turbulences. Il s'agit d'un vaste domaine dont la compréhension, d'un point de vue théorique, est capitale. Malheureusement, si des avancées conceptuelles notables ont été effectuées, un très grand nombre d'aspects demeurent mal compris. Le défit d'une bonne compréhension des origines de la turbulence constitue un enjeu théorique et industriel majeur, du fait que la turbulence se retrouve dans toutes les activités humaines.

Une goutte de crème dans un verre d'eau chaude (figure de gauche) conduit au développement de turbulences. Dans le sillage d'un cylindre, on observe également la formation de turbulences (figure de droite) connues sous le nom d'allées de Von Kármán.

Dans tout phénomène de turbulence, il apparaît des tourbillons de tailles très diverses. Leur évolution dans l'espace et dans le temps est très difficile à prévoir. De façon élémentaire, on peut dire que deux aspects antagonistes sont à considérer. D'une part le fluide est mis en mouvement grâce à une source d'énergie, ce qui conduit dans la description du fluide à un terme d'énergie cinétique (énergie due au mouvement). D'autre part, la viscosité du fluide tend à s'opposer à ce mouvement en dissipant de l'énergie.

Le rapport de ces deux termes permet une estimation du régime dans lequel se trouve le fluide. Le nombre de Reynolds (Re) décrit cette compétition. Si l'énergie cinétique est environ 2 000 fois plus grande que l'énergie dissipée alors Re = 2 000, et on estime être entré dans le régime turbulent. En dessous on est dans le régime laminaire dont l'exemple typique est l'écoulement régulier d'un filet d'eau sortant d'un robinet.

Q.31 Pourquoi de la buée se forme-t-elle si l'on verse de l'eau chaude dans un verre ?

La buée résulte de la condensation de l'eau sur la paroi froide du verre. La condensation est le passage de l'état gazeux à l'état liquide. Elle se produit car ce passage est énergétiquement favorable. En d'autres termes, pour abaisser son énergie, la vapeur d'eau a intérêt à former des gouttes. Cette baisse d'énergie s'accompagne donc d'un dégagement de chaleur qui correspond justement à l'énergie perdue.

Le volume des gouttes va croître par agrégation de la vapeur d'eau présente autour de la goutte. Lorsque la condensation s'effectue sur un support, le phénomène de mouillage intervient. La tension superficielle joue donc un rôle fondamental car si le support est très mouillant, il n'y pas formation de gouttelettes mais étalement du liquide sur la surface.

Des mesures montrent que sur une surface où se produit une condensation, on a au maximum 55 % de cette surface recouverte de gouttelettes. Ce résultat peut sembler surprenant car on imagine que la croissance des gouttes devrait finir par couvrir l'intégralité de la surface. Il ne faut pas oublier que deux gouttelettes on tendance à fusionner de façon à minimiser la surface totale obtenue (plus petite que la somme des deux surfaces des gouttelettes), dans le but de minimiser l'énergie. Or, la surface couverte par la nouvelle goutte sur le support est plus petite que la surface qu'occupait les deux gouttes prises séparément. Ce phénomène de regroupement des gouttes en gouttes plus grosses, mais de surface plus petite (coalescence), est donc un facteur limitant la surface totale occupée.

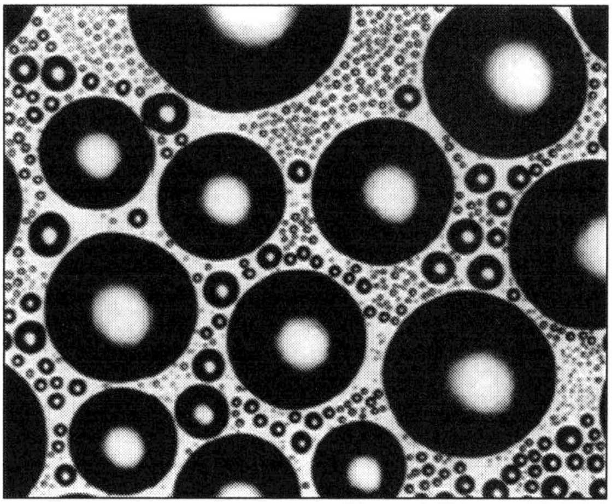

Photo : A. Briscoe et K. Galvin.

Lorsqu'une nouvelle génération de gouttes se forme afin de minimiser l'énergie, son évolution suit exactement la même loi mathématique que la génération précédente. La croissance des gouttes est dite autosimilaire.

⏭ Pour aller plus loin

La figure ci-dessus montre des gouttes de tailles diverses. Si l'on divise le rayon des gouttes ou la distance entre les gouttes par le rayon moyen des gouttes, qui sont toutes des quantités dépendant du temps, alors les grandeurs que l'on obtient ne dépendent plus du temps. Cela signifie que si l'on étudie de cette façon le système quand les gouttes sont très petites, ou quand elles sont très grandes, on obtient exactement le même résultat.

En d'autres termes, quelque soit l'échelle considérée, les grandeurs obtenues sont identiques. On dit alors que la croissance des gouttes est un phénomène autosimilaire.

L'autosimilarité se retrouve dans bien des domaines dont l'archétype est la courbe du flocon de Koch. Le même motif répété à l'infini, donc à toutes les échelles, conduit à la version idéalisée d'un flocon de neige.

Question 31

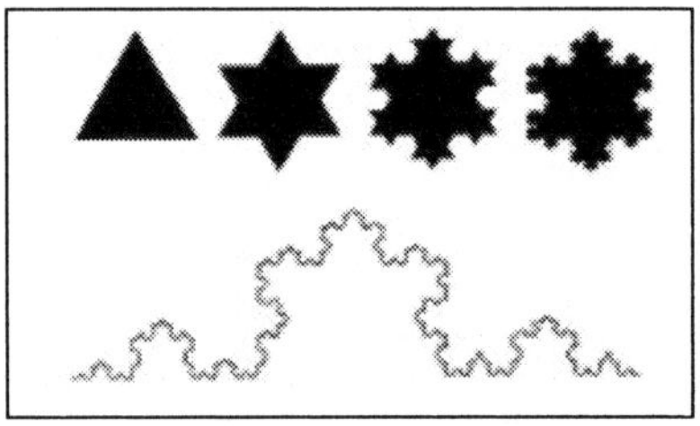

Si l'on itère indéfiniment le processus, le flocon de Koch à la propriété d'avoir une longueur infinie tout en délimitant une surface finie.

La réalité physique est plus complexe. Dans le cas de la neige, la compétition entre la minimisation de l'énergie de surface et la diffusion conduit à un réarrangement des molécules d'eau à l'interface solide-vapeur. Une grande variété de formes de cristaux peut alors exister en fonction des conditions physiques imposées.

Classification des différentes formes de flocons de neige selon Naraya

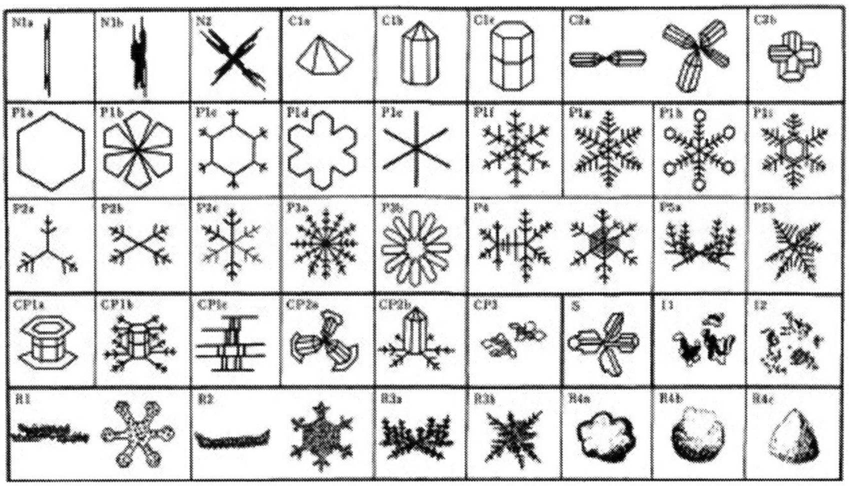

L'autosimilarité nous amène donc à considérer des objets désormais très célèbres : les fractales. Ces dernières ont la propriété d'être identiques, quelle que soit l'échelle à laquelle on les regarde. Le concept de structure fractale est très utilisé, depuis les travaux de B. Mandelbrot, pour décrire un grand nombre de phénomènes, dans tous les domaines d'activité humaine, sans parler de l'esthétisme des figures qu'il est possible de générer.

L'éponge de Menger est un exemple de structure fractale tridimensionnelle. Elle est obtenue en répétant à l'infini l'opération qui consiste à créer une cavité carrée dans un carré.

Les objets physiques réels ne sont pas vraiment autosimilaires du fait des imperfections. Ils le sont en moyennant toutes les configurations rencontrées. D'autre part, l'autosimilarité ne se retrouve pas à toutes les échelles comme dans l'éponge de Menger, qui est avant tout un modèle mathématique et peut donc être itéré à l'infini.

Q.32 Un verre d'eau est-il radioactif ?

Il s'agit d'illustrer le phénomène de la radioactivité naturelle qui a trois origines possibles :

– Lors de la formation de la Terre il y a 4,6 milliards d'années, des isotopes de différents éléments ont été produits. Ceux dont la période n'était pas négligeable devant l'âge de la Terre sont toujours présents tels l'Uranium, le Thorium ou le Potassium.

– Le rayonnement cosmique contient des protons, des noyaux légers ou des photons très énergétiques. Ces particules ont un effet ionisant, donc identique aux effets de la radioactivité.

– Des radionucléides (éléments radioactifs) sont produits en permanence du fait du rayonnement cosmique précédent, tels le Carbone 14, ou le Tritium.

Notre verre d'eau peut être considéré comme radioactif, dans le sens où il contient probablement un peu de Potassium ^{40}K, et du Tritium ^{3}H, en quantités infimes mais non nulles. L'eau contient en effet, 1 atome de Tritium pour 10^{18} atomes d'hydrogène !

⏭ Pour aller plus loin

Afin de caractériser plus précisément en quoi l'eau est radioactive, rappelons quelques définitions.

Un atome contient Z électrons, A nucléons (protons + neutrons) et $N = A - Z$ neutrons. On utilise la notation $^{A}_{Z}X$, le nom de l'atome X dépendant du nombre de protons.

Des isotopes d'un même élément ont le même nombre de protons, mais un nombre de neutrons différent. À titre d'exemple, les deux isotopes de l'hydrogène $^{1}_{1}H$ (d'abondance relative 99,985 %) sont le deutérium $^{2}_{1}H$ (0,015 %), et le tritium $^{3}_{1}H$ en quantité très faible.

La radioactivité correspond au phénomène d'émission d'un rayonnement constitué de particules matérielles, ou de photons, par un élément. La détection de ce rayonnement conduit à qualifier l'élément émetteur comme étant radioactif.

On distingue trois types de radioactivité, liés à l'interaction fondamentale mise en jeu.

– La radioactivité dite alpha, qui obéit à la réaction :

$$^{A}_{Z}X \rightarrow {}^{A-4}_{Z-2}X' + {}^{4}_{2}He\,.$$

Il y a production d'une particule légère : l'hélium.

– La radioactivité dite γ :

$$^{A}_{Z}X^{*} \rightarrow {}^{A}_{Z}X + \gamma\,.$$

Un noyau est produit à un niveau d'énergie instable et revient sur son niveau fondamental, en émettant un photon γ.

– La radioactivité β que l'on scinde en deux cas :
le cas β^- correspond à $^{A}_{Z}X \rightarrow {}_{Z+1}^{\;\;A}X' + e^- + \overline{\nu}_e$
le cas β^+ correspond à $^{A}_{Z}X \rightarrow {}_{Z-1}^{\;\;A}X' + e^+ + \nu_e$

ν et ν sont le neutrino et l'antineutrino, qui sont des particules interagissant très peu avec la matière. Elles sont, jusqu'à présent, supposées sans masse. On note e^+ le positon qui a les mêmes caractéristiques que l'électron e^-, mais une charge électrique opposée.

Pour en revenir à la question initiale, le tritium $^{3}_{1}H$ a une radioactivité type β^-, et le potassium ^{40}K, une radioactivité β^+, β^- et γ. Pour quantifier l'activité radioactive, on définit le Becquerel, Bq, qui correspond à une désintégration par seconde.

On peut avoir une idée sur la radioactivité de l'eau, en connaissant sa concentration en potassium, sachant que l'abondance isotopique de l'isotope ^{40}K est de 0,0117 %. Dans le cas de l'eau de mer, la radioactivité est de l'ordre de 12 Bq/kg.

Si l'on exprime la radioactivité naturelle en Becquerel par kilogramme (Bq/kg), il n'est pas inutile d'avoir en mémoire les valeurs suivantes :

	Uranium U	*Thorium Th*	*Radium Ra*	*Potassium K*
Engrais phosphatés	500 à 1 000		10 à 500	50 à 5 000
Briques		10 à 100	10 à 100	600 à 1 000
Plâtre		6 à 60	10 à 1 000	20 à 70
Charbon	10 à 30	10 à 30	3 à 30	30 à 250
Cendres	50 à 200	10 à 100	50 à 200	300 à 1 000
Lait				50 à 80
Blé			0,08	140
Viande			0,02	100
Légumes			0,03	100
Fruits				40 à 90

Source : UNSCEAR.

Q.33 Quel point commun existe-t-il entre un verre d'eau et un aimant ?

Si nous chauffons suffisamment un verre d'eau, nous allons observer un passage de l'état liquide à l'état gazeux. Il s'agit d'une transition de phase (changement d'état du liquide en solide) qui se produit à 100°C sous une pression d'une atmosphère (pression atmosphérique).

Il y a donc une brusque variation de la densité de l'eau, puisque la densité de la phase liquide est 1 600 fois plus grande que celle de la phase gazeuse.

Si nous pouvions faire varier la pression jusqu'à 218 atmosphères, la température d'ébullition atteindrait 374°C. À ce point particulier, la différence de densité entre la phase liquide et la phase gazeuse serait nulle. Ce point est par définition le point critique de l'eau.

Chauffons un aimant, par exemple un morceau de fer, qui se comporte comme un matériau ferromagnétique. L'aimantation du fer, c'est-à-dire la capacité à attirer un corps ferreux ou un autre aimant, va décroître et s'annuler à la température de 770°C. Cette température est par définition le point critique de cet aimant.

Un élément de réponse à la question posée consiste à remarquer que l'eau et l'aimant, au point critique, sont tous les deux caractérisés par une quantité qui s'annule : la différence de densité pour l'eau, et l'aimantation pour l'aimant. Ces deux quantités sont dites paramètres d'ordre du système. On peut montrer que leur évolution en fonction de la température est décrite par la même fonction mathématique. Les deux comportements sont donc tout à fait similaires autour du point critique.

Dans le cas d'un fluide, la phase liquide (gouttes), et la phase gazeuse (vapeur) persistent jusqu'au point critique. De même, dans le cas d'un aimant, il y a croissance ou décroissance de microdomaines magnétiques, qui seront responsables de l'apparition ou de la disparition d'une phase magnétique ordonnée.

⏭ Pour aller plus loin

Depuis trente ans, une nouvelle approche de certains phénomènes physiques s'est avérée très fructueuse. Il s'agit des phénomènes dits critiques, qui mettent en évidence une universalité de certains comportements de systèmes physiques.

La notion de point critique était connue depuis longtemps, mais la découverte d'une certaine universalité des lois physiques, autour du point critique, se révéla d'une puissance conceptuelle considérable. On mit en évidence le fait qu'il était possible de définir des quantités, appelées exposants critiques, ayant un caractère universel, dans le sens où ces exposants dépendaient faiblement du système physique considéré.

Il est relativement simple de visualiser le point critique à l'aide d'hexafluorure de soufre, les conditions expérimentales n'étant pas trop sévères. Les photos ci-dessous permettent de visualiser la ligne de séparation entre la phase liquide et la phase gazeuse.

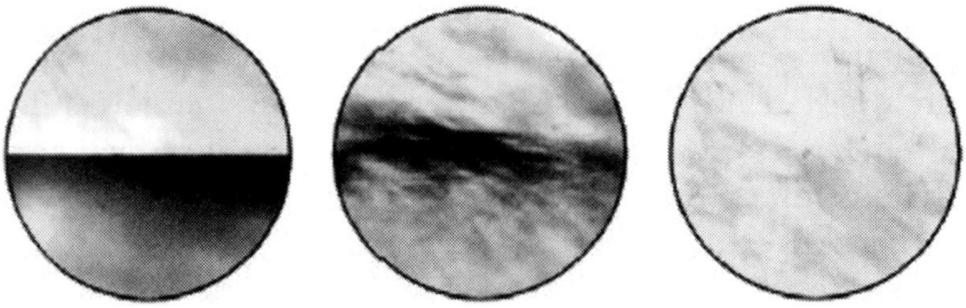

(a) Au-dessous de la température critique on distingue les deux phases.
(b) À la température critique, la frontière disparaît.
(c) Au-dessus de la température critique, la distinction entre les différentes phases devient impossible.

Au point critique, la lumière est fortement diffusée. On parle alors d'opalescence critique.

Q.34 Quelle force faut-il exercer pour casser un verre ?

Dans un premier temps, il est nécessaire d'établir une relation entre la déformation et la contrainte imposée à un solide. En d'autres termes, il faut relier la force appliquée à la modification de la forme de l'objet considéré. Dans un deuxième temps, la connaissance des seuils (qui dépendent de la géométrie et de la nature du matériau) au-delà desquels il y a rupture, permet de répondre à la question.

Une idéalisation du problème est indispensable afin d'avoir un traitement simple. Intéressons-nous au pied d'un verre, que l'on peut considérer comme un cylindre allongé. Une des dimensions est ainsi très supérieure aux autres.

Question 34

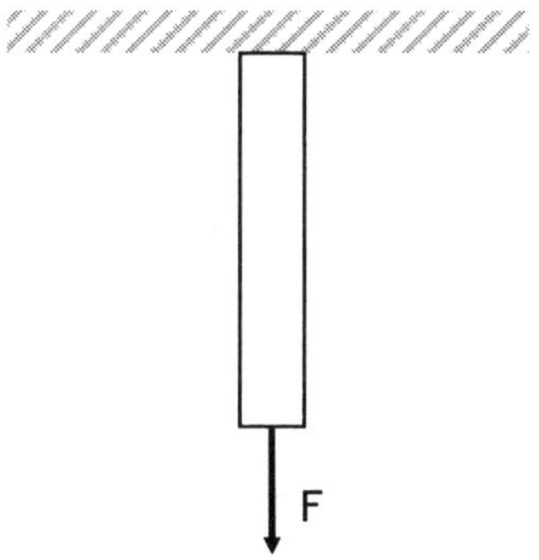

Si l'on applique une force perpendiculairement à une face d'un matériau, on observe un allongement proportionnel à la force F.

La variation de la longueur est donc linéaire, et elle est réversible jusqu'à une limite, dite limite élastique (le solide peut reprendre sa taille initiale). Au-delà, la déformation perd sa linéarité en fonction de la contrainte, jusqu'à conduire à la rupture.

La zone d'élasticité, est décrite par la relation donnant l'allongement ΔL, en fonction de la contrainte F. Chaque matériau est caractérisé par une quantité E appelée module d'Young. E décrit la capacité d'un solide à s'allonger sous l'effet d'une contrainte. Plus E est grand, plus il est difficile de provoquer un allongement pour une contrainte donnée.

Pour fixer les idées, on a notera les valeurs pour des matériaux de plus en plus difficiles à étirer :

$E_{verre} \approx 7.10^{10}\ Nm^{-2}$

$E_{acier} \approx 18$ à $25.10^{10}\ Nm^{-2}$

$E_{diamant} \approx 80.10^{10}\ Nm^{-2}$

Il est possible de mener des calculs afin de déterminer la limite de rupture. L'exemple ci-dessous fixe les ordres de grandeur dans le cas d'une tige de verre :

Question 34

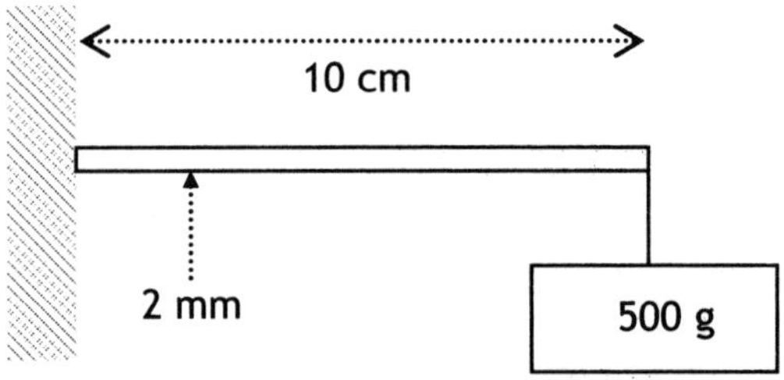

Si la tige a une longueur de 10 cm et un rayon de 2 mm, la rupture sera obtenue pour une masse de 500 g suspendue à une extrémité, l'autre étant supposée fixe.

⏭ Pour aller plus loin

Dans le cas d'une section rectangulaire, H étant l'épaisseur dans le plan de flexion, et L la dimension dans la direction perpendiculaire à ce plan, on constate que la flexion est rendue plus difficile. Si l'on augmente H, qui correspond à la dimension dans le sens de la force appliquée.

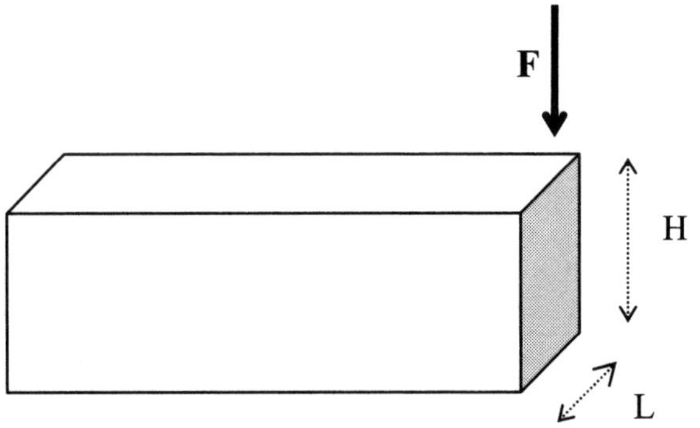

Dans le cas d'un objet à section rectangulaire, les deux dimensions ne jouent pas des rôles symétriques. La dimension correspondant à la direction dans laquelle est appliquée la force est privilégiée.

On montre qu'il existe une dépendance en H^3. En d'autres termes, si l'on triple H, alors la force à appliquer pour obtenir la même déformation doit être 27 fois plus grande ! L'autre direction intervient mais de façon simplement proportionnelle à L. Cela crée donc une forte dissymétrie dès qu'une dimension est privilégiée. En conséquence, il sera beaucoup plus difficile de plier une règle plate dans un sens plutôt que dans l'autre, puisque dans ce cas H est très supérieur à L.

Concrètement, pour obtenir la même déformation, si H est 10 fois plus grand que L, la force à exercer sera 100 fois plus grande suivant qu'on l'applique dans le sens correspondant à H, ou qu'on l'exerce dans le sens correspondant à L.

Q.35 Quelle est l'origine de la dureté du verre ?

Pour aborder ce problème considérons tout d'abord, le cas d'un arrangement cristallin où les atomes sont répartis de façon périodique aux sommets d'un cube. Il s'agit d'une structure cubique simple que l'on rencontre souvent dans les métaux. Or, ces derniers sont en général relativement mous, car il est assez aisé de faire glisser un plan d'atomes sur un autre.

S'il existe une imperfection dans le cristal, on parle dans ce cas de dislocations, et le mouvement peut être interrompu. En fait, ces dislocations peuvent se déplacer dans le cristal sans beaucoup d'apport d'énergie. Le résultat global correspond à une déformation du métal sous l'effet de la contrainte.

Si les dislocations ne peuvent pas se déplacer du fait quelles rencontrent des impuretés, alors le métal devient résistant aux déformations. C'est la raison pour laquelle, le fer qui est mou d'ordinaire, devient très dur lorsque l'on ajoute des impuretés telles que le carbone. On obtient alors de l'acier. Un excès d'impuretés est, par contre, nuisible car le matériau devient cassant.

Considérons à présent, le cas du verre. L'ordre cristallin n'étant pas périodique, les structures en jeu, dont l'encombrement est important, ne peuvent pas se déplacer aussi facilement qu'un atome. On conçoit alors, qu'une certaine difficulté à en modifier l'organisation puisse en résulter.

Les verres utilisés couramment sont à base de silice SiO_2. Cette organisation existe sous forme de silicates, qui sont des arrangements tétraédriques, constitués d'un atome de silicium pour quatre atomes d'oxygène.

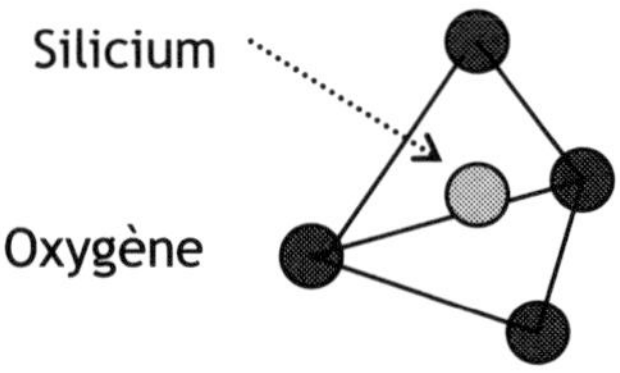

L'arrangement est dit tétraédrique car les atomes d'oxygène occupent les 4 sommets d'un tétraèdre (pyramide à base triangulaire). Le silicium occupe le centre du tétraèdre.

Dans le cas d'un verre, les tétraèdres sont liés par leurs sommets, dans un arrangement aléatoire, pour constituer un solide amorphe. Un agent modificateur, tel que NaO_2, vient s'insérer dans le réseau cristallin. La cohérence du réseau est donc réduite, ce qui diminue d'autant la viscosité du verre à l'état fondu.

Pour fixer les idées, la viscosité du verre est de l'ordre de 10^{19} Pa.s à température ambiante, et de 10^3 Pa.s lorsque l'on souhaite le souffler. L'ajout de carbonate de sodium Na_2O_3 contribue à augmenter le nombre de liaisons et favorise la résistance.

⏭ Pour aller plus loin

Le diamant est un solide purement covalent (chaque atome partage un électron pour former une liaison) et est uniquement constitué d'atomes de carbone. La structure cristalline est de type cubique face centrée (un atome à chaque sommet, et au centre de chaque face du motif périodique élémentaire). Chaque atome est lié à quatre voisins, en étant au centre d'un site tétraédrique, un site sur deux étant occupé. Cette structure confère au diamant une grande dureté. Il raye le verre.

Structure périodique du diamant

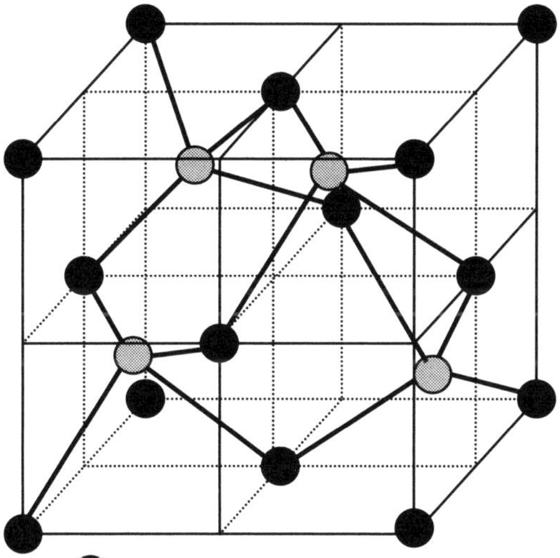

● Carbone du réseau cubique face centrée

○ Carbone occupant un site tétraédrique

— Liaison covalente

Le diamant est constitué de carbone au même titre que la mine de crayon à papier. Dans ce cas, les plans d'atomes de carbone peuvent facilement glisser les uns sur les autres, du fait des faibles liaisons existant entre eux. Le carbone graphite n'a en conséquence aucun caractère de dureté.

Q.36 Quelle doit être la forme d'un verre pour qu'une bille tombe le plus vite possible au fond ?

Cette question revient à se demander quelle trajectoire faut-il choisir pour que le temps de parcours soit le plus petit possible ? On sait que dans le cas d'un mouvement sur un plan cette trajectoire est une droite (le chemin le plus court entre deux points est la ligne droite).

En d'autres termes, on se pose donc le problème très général de rendre la plus petite possible (ou éventuellement la plus grande possible) une quantité donnée (ici il s'agit du temps de parcours). L'inconnue est donc la trajectoire.

En l'absence supposée de frottements (ce qui n'est pas très réaliste) on démontre dans le cas de notre problème que la forme idéale est une cycloïde. Cette forme particulière correspond à la trajectoire suivie par la valve d'une roue de vélo en rotation :

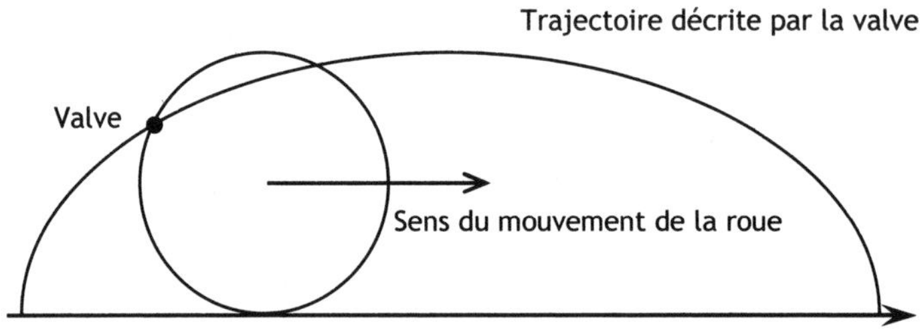

Si maintenant on retourne cette courbe, on obtient la forme recherchée pour le verre.

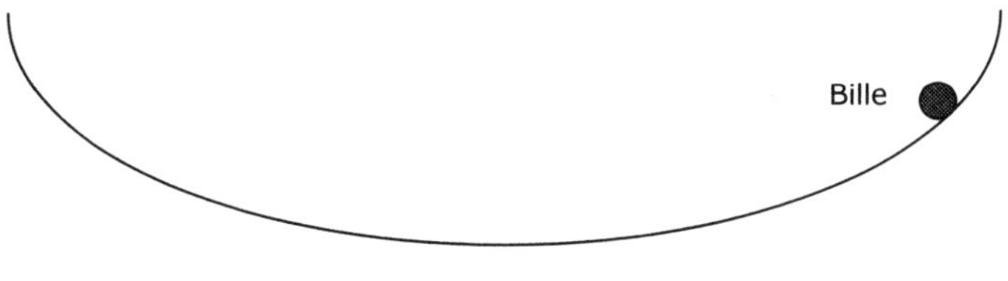

Si la forme du verre correspond à une cycloïde, le temps pour atteindre le fond du verre sera minimal. La forme idéale n'est donc pas une portion de sphère.

⏭ Pour aller plus loin

Le problème la minimisation d'une quantité en physique constitue un problème dit de calcul variationnel. Cette problématique se retrouve dans de très nombreux domaines et constitue même un principe unificateur. Les physiciens définissent pour toute une variété de problèmes une quantité appelée action, qui doit être extrémale (minimale ou maximale).

Par exemple, si la lumière se propage en ligne droite dans le vide, c'est parce que l'action qu'on lui associe est minimale uniquement pour une trajectoire rectiligne.

Les choses peuvent cependant rapidement se compliquer. Dans la conception d'Einstein, les trajectoires pour lesquelles l'action est minimale ne sont plus des droites car l'espace a une courbure ! La lumière suit alors des trajectoires appelées géodésiques qui minimisent l'action.

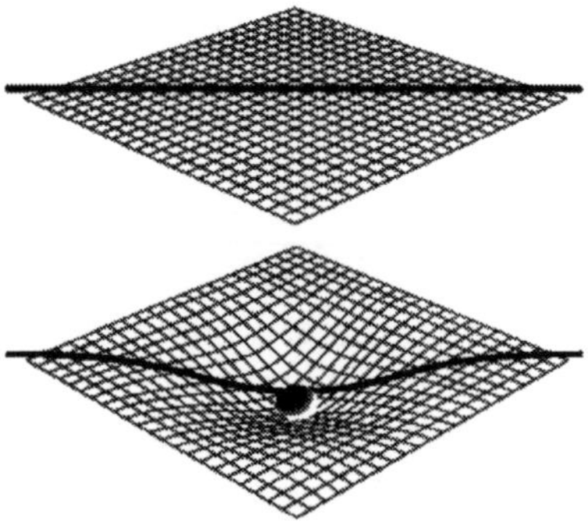

Dans la théorie de la relativité d'Einstein, l'espace peut posséder une courbure du fait de la présence d'une masse. Une image pratique, mais pas tout à fait exacte, consiste à imaginer l'espace comme une surface déformée. Le trajet suivi par une particule ou par la lumière, et qui minimise l'action, est appelé géodésique. Cette dernière est une droite dans le cas d'un Univers plat, c'est-à-dire sans courbure.

Q.37 Que peut-on observer avec un verre de gros sel ?

Nous abordons ici le très vaste domaine de la physique granulaire dont les lois sont très différentes de celles rencontrées dans le cas des fluides.

Le gros sel forme un arrangement relativement compact de particules de tailles différentes mais comparables. Supposons pouvoir faire vibrer le verre en le posant sur une plaque animée d'un mouvement oscillatoire vertical. On observe alors un phénomène de ségrégation dans le sens où les grains les plus gros ont tendance à se retrouver à la surface, et les plus petits au fond du verre.

Le phénomène est complexe, cependant, des expériences ont montré clairement qu'il existe un processus de convection. Les petites particules descendent le long des parois, tandis que les plus grosses remontent par le centre du verre cylindrique sous l'effet du mouvement de convection. La nature de la paroi joue un rôle tout à fait essentiel. Si l'on arrive à rendre cette dernière totalement lisse alors le phénomène de convection disparaît totalement.

Ségrégation de particules de tailles différentes

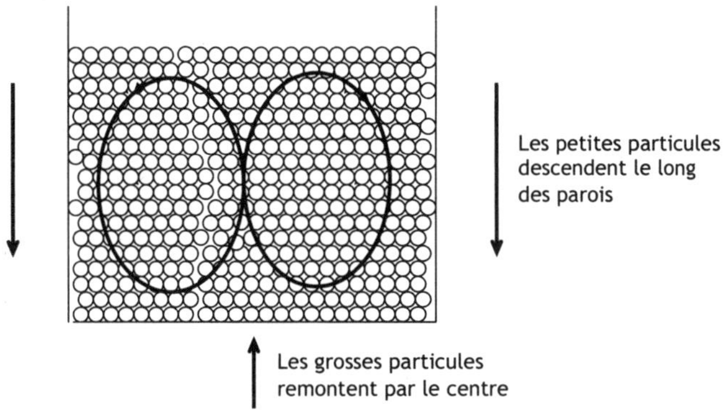

De façon très schématique on peut dire que l'on observe dans le verre un mouvement de convection (traits pleins) qui conduit à une remontée des grosses particules par le centre et à une descente des petites le long des parois.

⏭ Pour aller plus loin

Chacun peut constater lorsqu'il marche sur une plage de sable mouillé comment ce dernier s'assèche sous ses pas. L'observation est surprenante car la première intuition consiste à dire que l'eau sous l'effet de la pression va avoir tendance à ressortir du sable et donc faire apparaître ce dernier encore plus mouillé.

Ce phénomène est connu sous le nom de dilatance de Reynolds. Ce dernier en a donné l'interprétation suivante :

Si le sable est très compact, pour se réorganiser sous l'effet de la pression, les grains doivent d'abord s'éloigner les uns des autres. En conséquence, il existe un volume supplémentaire disponible pour l'eau environnante qui vient alors se glisser entre les grains. Le milieu semble ainsi s'assécher.

La dilatance de Reynolds exprime en fait que tout état granulaire, initialement très compact, doit voir son volume augmenter avant de se réorganiser. Pratiquement il est possible d'observer, dans le cas de géométries ou de déformations particulières, des exceptions à cette loi.

Index